今すぐ使えるかんたん

Power Automate
for desktop

完全ガイドブック

JN041306

Imasugu Tsukaeru Kantan Series
Power Automate for desktop Guide book
Nihon System Kaihatsu Co.,Ltd.

技術評論社

本書の使い方

- 画面の手順解説だけを読めば、操作できるようになる！
- もっと詳しく知りたい人は、左側の「側注」を読んで納得！
- これだけは覚えておきたい機能を厳選して紹介！

特長 1

機能ごとに
まとまっているので、
「やりたいこと」が
すぐに見つかる！

特長 2

基本操作

赤い矢印の部分だけを
読んで、パソコンを
操作すれば、難しいことは
わからなくても、
あっという間に
操作できる！

Section

48

取得した情報を
Webページに登録しよう

ここでは、Sec.47で取得したExcelの情報をトレーニングページに登録する方法を解説します。入力欄の設定と、ドロップダウンリストの設定があり、同じような設定を項目数分繰り返して設定します。

1 Excelの情報をWebページに入力する①

解説

アクションの設定位置

Sec.47でExcelからの読み取りとテキスト分割により入力するデータの準備が完了しています。ここでは、[テキストの分割] アクションのあとに [Webページのテキストフィールドに入力する] アクションを設定します。

1 [ブラウザー自動化]→[Webフォーム入力]内の[Webページ内のテキストフィールドに入力する]をアクション10と11の間にドラッグ&ドロップします。

2 [UI要素]の右にある ∨ をクリックします。

パラメーターの選択

全般

Webブラウザー インスタンス: %Browser%

UI要素:

特長 3

やわらかい上質な紙を
使っているので、
開いたら閉じにくい！

● 補足説明

操作の補足的な内容を「側注」にまとめているので、
よくわからないときに活用すると、疑問が解決！

 解説
補足説明

 ヒント
便利な機能

 重要用語
用語の解説

 応用技
応用操作解説

 ショートカットキー
便利なキー操作

✏ 補足
補足説明

⚠ 注意
注意事項

⏰ 時短
時短操作

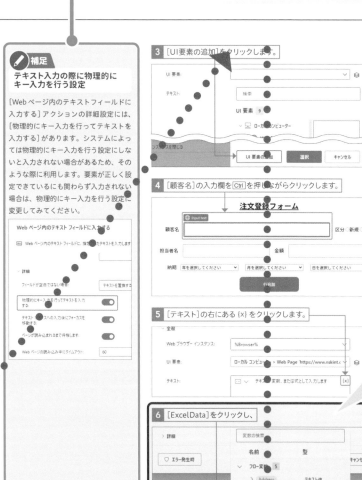

✏ 補足

**テキスト入力の際に物理的に
キー入力を行う設定**

[Webページ内のテキストフィールドに
入力する]アクションの詳細設定には、
[物理的にキー入力を行ってテキストを
入力する]があります。システムによっ
ては物理的にキー入力を行う設定にしな
いと入力されない場合があるため、その
ような際に利用します。要素が正しく設
定できているにも関わらず入力されない
場合は、物理的にキー入力を行う設定に
変更してみてください。

3 [UI要素の追加]をクリックします。

4 [顧客名]の入力欄を[Ctrl]を押しながらクリックします。

5 [テキスト]の右にある {x} をクリックします。

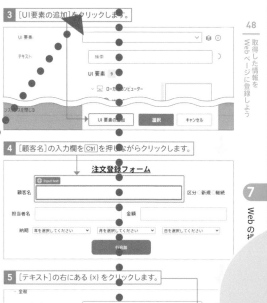

特長 4

大きな操作画面で
該当箇所を囲んでいるので
よくわかる！

6 [ExcelData]をクリックし、

7 [選択]をクリックします。

練習用ファイルのダウンロード

本書では操作解説をスムーズに進めていただくために、練習用ファイルを用意しています。以下のURLからダウンロードしてください。この練習用ファイルはデスクトップに保存していることを前提に解説しています。デスクトップがOneDriveと同期する設定になっていると、ファイルが自動保存されて練習用ファイルが正しく動作しないことがあるので同期をオフにしてください（P.5参照）。また、Excelファイルを開いたときに画面上部に保護ビューが表示されることがあります。練習用ファイルが正しく動作しない場合は、あらかじめExcelファイルを開き、[編集を有効にする]をクリックしてください。

https://gihyo.jp/book/2023/978-4-297-13545-4/support

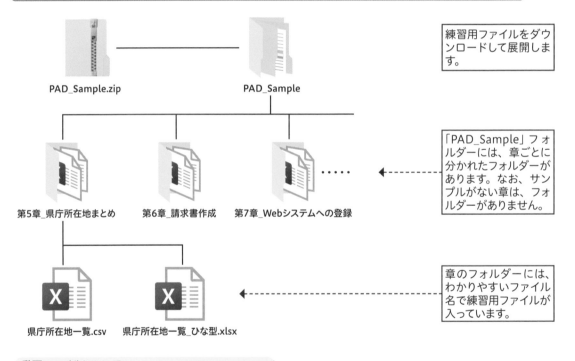

PAD_Sample.zip　　　　　PAD_Sample

練習用ファイルをダウンロードして展開します。

第5章_県庁所在地まとめ　　第6章_請求書作成　　第7章_Webシステムへの登録

「PAD_Sample」フォルダーには、章ごとに分かれたフォルダーがあります。なお、サンプルがない章は、フォルダーがありません。

県庁所在地一覧.csv　　県庁所在地一覧_ひな型.xlsx

章のフォルダーには、わかりやすいファイル名で練習用ファイルが入っています。

動画ファイルについて

本書では各章で完成したファイルを実行した際の動画を用意しています。フローコンソール画面とフローデザイナー画面の2つの画面から実行する様子を動画でまとめているので、動画を閲覧することで、完成したものを確認したり、一連の流れを理解したりできます。上記のURLから、ご利用のWindowsのバージョンに合わせたものをダウンロードして活用してください。なお、Windows 11ではMicrosoft Storeでのアプリバージョンの関係上、Power Automate for desktopのバージョンは、2.31.105.23101で実行・撮影していますが、問題ありません。

OneDrive のバックアップ設定のオフについて

本書を参考に Power Automate for desktop を学んでいただくにあたり、OneDrive の設定について 1
つ注意点があります。それがバックアップ設定です。Windows 11 を中心に、パソコンのデスクトップ
やドキュメントフォルダーが自動的にバックアップされるような設定になっている可能性があります。も
しこの設定がオンになっている場合、本書で使用するサンプルデータが自動的に上書きされてしまうな
ど、進めていくうえで不都合が発生してしまうかもしれません。以下の手順を参考に、この段階でバッ
クアップをオフに設定してください。

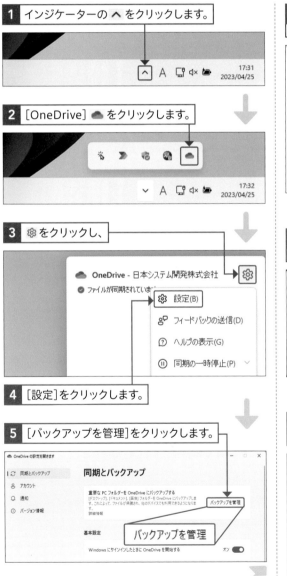

1 インジケーターの ∧ をクリックします。

2 [OneDrive] ☁ をクリックします。

3 ⚙ をクリックし、

4 [設定]をクリックします。

5 [バックアップを管理]をクリックします。

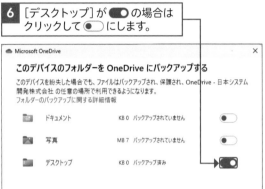

6 [デスクトップ]が ⬤ の場合は
クリックして ◯ にします。

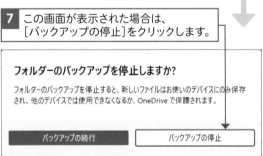

7 この画面が表示された場合は、
[バックアップの停止]をクリックします。

8 ⬤ から ◯ に切り替われば、
バックアップがオフになっています。

5

目次

第3章 画面構成を知ろう

第4章 フロー作成のための基本を知ろう

第5章　Excelへの転記を自動化しよう

第6章 Excel文書の作成を自動化しよう

第7章 Webの操作を自動化しよう

第 **8** 章 **Outlookのメール操作を自動化しよう**

第 **1** 章

Power Automate for desktopの基本を知ろう

01

Power Automate for desktopとは

ここで学ぶこと

・RPA
・ローコード
・エディション

ここでは、Power Automate for desktopの特徴や使うことのメリットについて解説します。また、Power Automate for desktopには、有償／無償のものがあり、いくつかのエディションが用意されているのでそちらについても解説します。

① Power Automate for desktopとは

重要用語

RPA

RPAとはRobotic Process Automation（ロボティック・プロセス・オートメーション）の略称であり、パソコンで行う操作をロボットに行わせる手法のことを指します。ロボットといっても工業用ロボットのような実体のあるものではなく、パソコン上で動くソフトウェアのことを「ロボット」と呼びます。

重要用語

API

APIとはApplication Programming Interface（アプリケーション・プログラミング・インターフェイス）の略称であり、別々のソフトウェアが相互に情報をやり取りできるように設けられたインターフェイス（窓口）です。

Power Automate for desktopとは、マイクロソフトが提供しているPower Automateのロボティックプロセスオートメーション（RPA）機能の1つであり、主にパソコンのデスクトップ上で行っていることを自動化するためのツールのことです。

Power Automate for desktopやPower Automateといったツールは、「Microsoft Power Platform」というクラウドサービスに属しています。このクラウドサービスは、いろいろな機能やアプリケーションを「ローコード」で開発・運用することを目的としたサービスの総称です。サービス内にはPower Automateのほかに、Power BI、Power Appsなどの製品があります。

本書では、これらのサービスの中でもPower Automateの機能であるPower Automate for desktopを解説します。Power Automateは主に「クラウドフロー」と「デスクトップフロー」の2種類のフローに分類されます。機能的な差については以下のようになっています。

```
         ┌─────────────────────┐
         │   Power Automate    │
         │    業務の自動化       │
         └─────────────────────┘
              │
      ┌───────┴───────┐
┌──────────────┐  ┌──────────────────┐
│  クラウドフロー  │  │  デスクトップフロー  │
│ Power Automate │  │  Power Automate  │
│  APIによる自動化 │  │   for desktop    │
│              │  │    UIの自動化      │
└──────────────┘  └──────────────────┘
```

あらかじめ用意された500以上のコネクタを使用してワークフローを自動化

Power AutomateのRPA機能WebブラウザやWindowsアプリなど画面操作を中心に自動化

② RPAでできること

ローコード

ローコードとはシステム開発の手法の1つです。一般的なシステム開発は、特定のプログラミング言語を用いて細かく処理内容を組み上げていきます。一方ローコードはあらかじめツール内に用意されたパーツをもとに組み上げていくので、0から開発するプログラミングと比べ、「かんたんに」「すばやく」開発できます。しかし、ローコードで開発したシステムを拡張したいときにはプログラミングが必要となる場合があるため注意が必要です。

RPAは「ローコード」で開発することができるため、比較的かんたんに定型業務を自動化・効率化することができます。たとえば定型文書の作成やシステムAからシステムBへの連携などは、この定型業務に該当します。また、インターネットなどの環境が整っている場合は24時間365日動くことができます。そのため、大量データを扱う業務やある一定のものを監視しながら行う業務に向いています。

各種ファイルやシステムなどの連携・定型文書への転記 (一例)

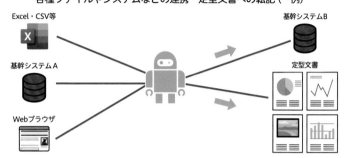

③ 使用条件について

Power Automate for desktopでは使用するうえで大きく分けて3つの種類分けがあります。

①Microsoft アカウントの種別について：アカウントには個人アカウントと組織アカウントの2種類があります。本書のSec.04で作成するアカウントは個人アカウントになります。

②無償版/有償版について：Power Automate for desktopは無償で使用することができますが、Microsoft アカウントが組織アカウントである場合はPower Automateの「アテンド型 RPA のユーザーごとのプラン」を契約することで有償の機能を使用できるようになります。

③Windowsのエディションについて：Windows 10、Windows 11であれば使用できるPower Automate for desktopですが、Windows HomeやWindows Proといったエディションによってレコーダーの一部が使えないなどの機能制限がある場合があります。これらを踏まえたうえで下記のような違いがあります。

	個人 アカウント	職場または学校アカウント ※組織アカウント	組織プレミアム アカウント ※有償版組織アカウント
フローの保存先	個人のMicrosoft OneDrive	組織内の既定環境の Microsoft Dataverse	環境全体の Microsoft Dataverse
フローの作成・編集・実行	○	○	○
基本的なアクションの利用	○	○	○
特別なアクションの利用 ※SharePointアクション	×	×	○
フローの共有・共同開発	×	×	○
フローのスケジュール実行	×	×	○
フローの管理・ログ	×	×	○
利用権限設定	×	×	○
Power Automateとの連携	×	×	○

本書の解説は「組織アカウント」「無償版」「Windows 10」で行います。それ以外の環境では一部画面構成などが異なる可能性があるのでご了承ください。

インストーラーを
ダウンロードしよう

ここで学ぶこと

- ・インストーラー
- ・ダウンロード
- ・公式サイト

Power Automate for desktop（以下、PAD）は、Windows 11では初期状態でインストール済みです。Windows 10では公式サイトからインストーラーをダブルクリックしてインストールします。

① 公式サイトからインストーラーをダウンロードする

🗨 解説

公式サイト

公式サイトでは、Power Automateの概要や詳細な搭載機能など、さまざまな情報を得ることができます。ここでは、検索結果がページの一番上に表示されるのでわかりやすいことから、Googleの検索サイトを利用しています。もし見つからない場合は、以下のURLから直接アクセスしてみてください。

https://powerautomate.microsoft.com/ja-jp/robotic-process-automation/

🔍 重要用語

インストーラー

インストーラーとは、パソコンへソフトウェアを導入するためのプログラムファイルのことを指します。また、同様のプログラムファイルのことを「セットアッププログラム」と呼ぶこともあります。

1 Webブラウザを起動し、検索サイトを開きます（ここではGoogle）。

2 検索欄へ「Power Automate for desktop」と入力し、

3 ［Google検索］をクリックします。

4 検索結果の一番上のサイトをクリックします。

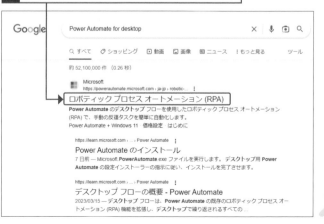

補足

日本語表示の場合

ここでは手順6で英語表記の画面で解説していますが、日本語表示の場合は、[Power Automate インストーラーをダウンロードします。]をクリックします。

5 公式サイトが表示されるので、[無料トライアルを始める]をクリックします。

6 インストールページが開いたら、[Download the Power Automate installer.]をクリックします。

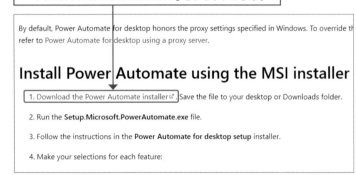

7 [Setup.Microsoft.PowerAutomate.exe]のダウンロード完了まで待機します。

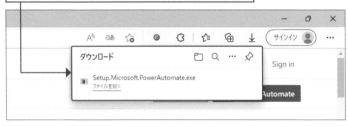

8 ダウンロード完了後、ダウンロードフォルダーを開き、[Setup.Microsoft.PowerAutomate.exe] が保存されていることを確認します。

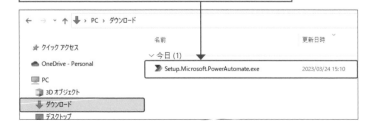

補足

ダウンロードファイル

ダウンロードしたファイルは、エクスプローラーを表示して[PC]→[ダウンロード]で確認することができます。

Section 03 パソコンへインストールしよう

ここではインストーラーを使用して、Windows 10のパソコンへPADをインストールする方法を解説します。その後、PADでMicrosoft Edgeが操作できるよう、拡張機能の追加を行いますが、その方法も併せて解説します。

1 インストーラーを起動してインストールを行う

💬 解説

インストーラーの場所

P.17でダウンロードしたインストーラーは、ダウンロードフォルダーにあります。なお、本書では拡張子を表示した状態で解説しています（P.21の補足参照）。

⚠️ 注意

バージョン確認

PADでは、起動したインストーラーの左下にインストール時のバージョン情報が記載されています。本書では、以下のバージョンで解説を行っています。

> バージョン: 2.30.109.23075

1 ダウンロードフォルダーを開き、[Setup.Microsoft.PowerAutomate.exe] をダブルクリックします。

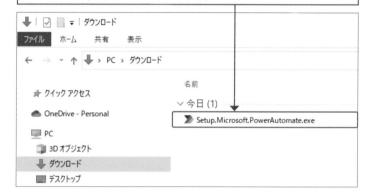

2 [次へ]をクリックします。

補足

チェックする項目について

[オプションデータの収集]にチェックを入れることで、ユーザーがPADで自動化しているプロセス名などの情報がマイクロソフトへ自動送信されます。こちらはインストール時にチェックを入れてしまっても、インストール後にチェックを外すことができるので、もし詳細が気になる場合は公式サイト (https://learn.microsoft.com/ja-jp/power-automate/desktop-flows/diagnostic-data?WT.mc_id=powerautomate_inproduct_padconsole) を確認したうえで判断してください。

3 [オプション データの収集]に任意でチェックを入れ、

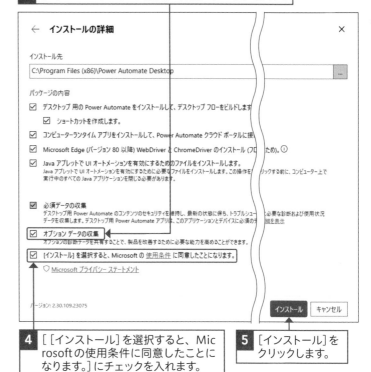

4 [［インストール］を選択すると、Microsoftの使用条件に同意したことになります。]にチェックを入れます。

5 [インストール]をクリックします。

6 [ユーザーアカウント制御]画面が表示されるので、[はい]をクリックします。

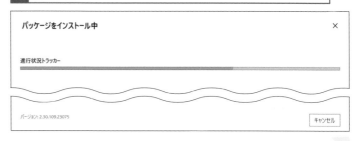

7 インストールが始まります。下記画面が終了するまで待ちます。

8 下記画面が表示されたらインストール完了です。

2 拡張機能を有効化する

解説

拡張機能

拡張機能とは、対象のWebブラウザへ機能を追加・拡張するためのプログラムファイルのことを指します。PADでは、Webブラウザを自動で操作するために拡張機能を有効化する必要があります。ここでは、Windows 10での設定方法を解説しています。Windows 11の場合は、P.30を参照してください。

補足

Webブラウザについて

PADでは、Webブラウザ用の拡張機能としてMicrosoft EdgeのほかにGoogle chrome、Firefoxに対応しています。使用しているパソコンでGoogle chromeやFirefoxをインストールしている場合、有効化の画面内に各Webブラウザ名が表示されます。本書ではMicrosoft Edgeで解説します。

1 [Microsoft Edge]をクリックします。

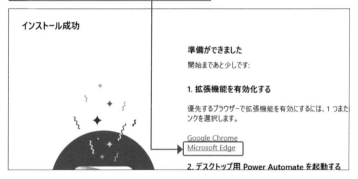

2 Microsoft Edgeで下記画面が表示されるので、

3 [インストール]をクリックします。

そのほかの拡張機能の有効化方法

Microsoft Edge の右上にある … をクリックし、拡張機能をクリックします。表示されるメニューから [機能拡張] → [拡張機能の管理] と進むと、Microsoft Edge の拡張機能画面へ自動的に遷移します。画面内に [Microsoft Power Automate] のアドオンが表示されているはずなので、アドオンを有効化してください。

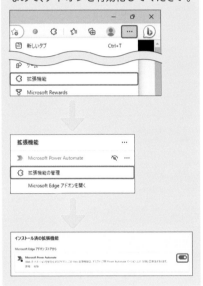

4 ［拡張機能の追加］をクリックします。

5 下記のようなポップアップが表示されたら有効化完了です。

6 をクリックし、Microsoft Edge を閉じます。

拡張子の表示

通常、エクスプローラーでは拡張子（.exe や .xlsx など）は表示されていません。Windows 10 の場合は、エクスプローラー上部の［表示］タブをクリックし、［ファイル名拡張子］へチェックを入れてください。Windows 11 の場合は、エクスプローラー上部の［表示］をクリックし、表示されるメニューから［表示］→［ファイル名拡張子］をクリックしてください。なお、本書では拡張子を表示した状態で解説を行っています。

Windows 10 の場合

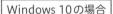

Windows 11 の場合

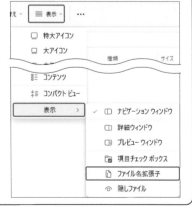

Section 04

Microsoftアカウントを 作成しよう

ここで学ぶこと

- ・Microsoft アカウント
- ・アカウント種別
- ・パスワード

PADを使用するためにはMicrosoft アカウントが必要となります。そのため、 Microsoft アカウントを保有していない方は個人アカウントを作成してください。 ここでは、その設定方法を解説します。

1 アカウント作成ページを開く

解説

Microsoft アカウント

Microsoft アカウントとは、マイクロソフトの製品やサービスとユーザー情報を管理することができる、個人認証の1つです。PADは、Microsoft アカウントへログインしている状態でないと使用することができません。右の手順では検索サイトを利用していますが、以下のURLを直接入力することでもアカウントの作成画面を表示させることができます。
https://account.microsoft.com/account?lang=ja-jp

注意

すでにMicrosoft アカウントを 利用している場合

すでにMicrosoft アカウントを利用している方は、ここで解説しているアカウント作成作業を行う必要はありません。

1 Webブラウザを起動し、検索サイトを開きます （ここではGoogle）。

2 検索欄へ「Microsoftアカウント」と入力します。

3 [Google検索]をクリックします。

4 検索結果の一番上のサイトをクリックします。

5 「ようこそ」ページが表示されるので、[アカウントを作成>]を
クリックします。

② アカウントの新規登録を行う

 解説

アカウントの種類

Microsoft アカウントには、個人アカウ
ントと組織アカウントの大きく分けて2
種類が存在します。本書では、個人アカ
ウントの作成方法を解説しています。組
織アカウントは会社や学校など組織でM
icrosoftと契約してアカウントを発行す
る場合が対象となります。なお、PADは
どちらのアカウントでも使用可能です。

1 登録するメールアドレスを入力し、

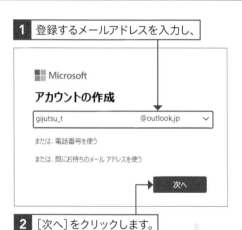

2 [次へ]をクリックします。

3 使用するパスワードを入力し、　**4** [次へ]をクリックします。

 補足

パスワードについて

Microsoft アカウントのパスワードルー
ルとしては、大きく「8文字以上であるこ
と」「アルファベット大文字・小文字、数
字、記号のうち2種類以上を使用するこ
と」の2つがあります。設定時は入力ミス
に気をつけるとともに、[次へ]をクリッ
クする前に必ず ◉ をクリックして入力
したパスワードが意図したものであるこ
とを確認してください。

補足

ロボットでないことの証明について

自身のメールアドレスをもとにMicrosoft アカウントを作成した場合、必ずロボットでないことの証明が必要になります。ただし、自身の電話番号を使ってMicrosoft アカウントを作成した場合は、SMS（ショートメッセージ）でのコード認証はあるものの、改めてロボットでないことの証明をすることなく進めることができます。

5 ［次］をクリックします。

6 P.23の手順**1**で入力したアドレスが記載されていることを確認し、

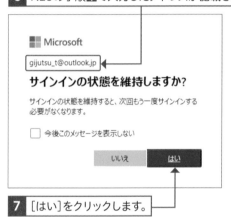

7 ［はい］をクリックします。

8 P.23手順**3**で設定したパスワードを再度入力し、

9 ［次へ］をクリックします。

補足

問題の種類について

手順10では「ネズミを選択してください」という、表示された画像の中から選択するような問題となっていますが、このほかにも「画像を正しい向きに直す」ような問題が出されるケースもあるので、出てきた問題に対して適切に対応してください。また、問題は1回だけでなく複数回出されるケースもあるのですべて回答してください。

10 条件に合う画像をクリックします。

11 下記画面が表示されたら登録完了です。

12 ×をクリックします。

補足　作成した Microsoft アカウントを確認する

手順11で表示されている画面は、個人用のMicrosoftアカウントの管理画面であり、ログインページ（https://login.microsoftonline.com/）からログインすることでいつでも確認することができます。このページは作成したMicrosoftアカウントに紐づいた内容の確認や修正、登録などを行うことができます。たとえば、セキュリティタブを開くことで直近のログイン日時・場所の確認やパスワードの変更、2段階認証の設定などを行うことが可能です。とくに、「Microsoft Authenticator」アプリなどを使用してログインできるようにする次世代のセキュリティ方法「パスワードレス アカウント」の設定ができます。

Section

05 起動／終了しよう

ここで学ぶこと

・デスクトップ
・初回設定
・インジケーター

PADを起動してMicrosoft アカウントへログインしましょう。今回ははじめて起動するため、初回設定を行います。また、終了する際は❎のクリックだけでなく、インジケーターから終了を選択します。

① PADを起動する(Windows 10)

 補足

Windows 11でPADを起動する

Windows 11では初期状態でPADがインストールされています。デスクトップのスタートメニュー■をクリックし、「Power Automate」と入力して表示される[Power Automate]をクリックします。アップデートが自動的に行われ、完了すると手順**2**の画面が表示されます。なお、P.30の拡張機能の有効化も必ず行ってください。

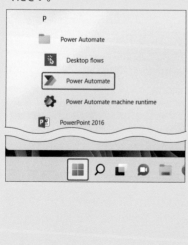

1 [Power Automate]のアイコンをダブルクリックします。

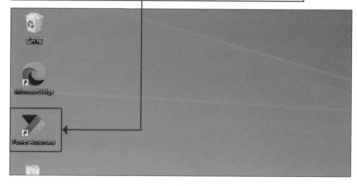

2 [サインイン]画面が表示されます。

② 初回設定を行う

⚠注意

国/地域の選択

PADでは、初回設定後に「国/地域の選択」を行うことができません。手順6で間違えて[日本]以外を設定してしまった場合は一度アンインストールし、再度インストールすることになるので注意してください。

💬解説

クイックツアー

PADの画面構成などをかんたんに説明してくれる機能として「クイックツアー」が用意されています。本書では手順を省略するためスキップしていますが、[ツアーを開始する]をクリックすることで説明を見ることができます。また、一度スキップしてしまった場合でも、[フローコンソール]画面上部のメニューバーにある[ヘルプ]タブ（P.66参照）から[開始する]をクリックすることでクイックツアーを見ることができます。

1 メールアドレス欄にMicrosoftアカウントのメールアドレスを入力します。

2 [サインイン]をクリックします。

3 [Microsoftアカウントへのサインイン]画面が表示されたら、パスワードを入力し、

4 [サインイン]をクリックします。

5 [ようこそ]画面が表示されるので、

6 ∨をクリックし、[日本]を選択して、

7 [不定期のキャンペーンに関するメールを受け取る]に任意でチェックを入れます。

8 [開始する]をクリックします。

9 [ようこそ]画面が表示されるので、

10 [スキップ]→[OK]をクリックします。

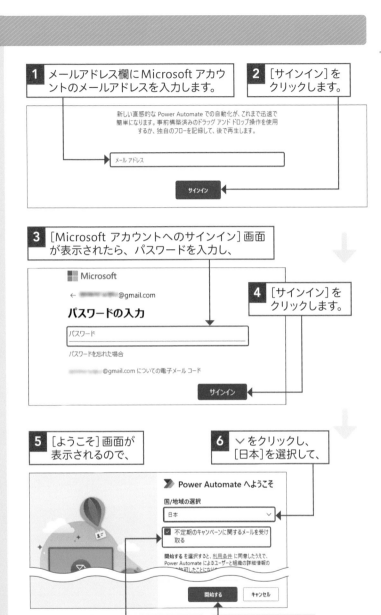

解説

タスクバーへのピン留め

使用頻度の高いアプリケーションは、タスクバーへピン留めすることでスムーズに起動できます。ピン留めはタスクバーに表示されているアイコンを右クリックし、[タスクバーにピン留めする]をクリックします。なお、ピン留めを外したい場合は、同じようにタスクバーに表示されているアイコンを右クリックし、[タスクバーからピン留めを外す]をクリックします。

11 PADのメイン画面（［フローコンソール］画面）が表示されます。

③ PAD を終了する

解説

インジケーターから終了する

ここではインジケーターから終了する方法を解説しています。インジケーターとは、時間やインターネット回線などタスクバーの右下に表示されている場所のことを指します。また、この箇所は「通知領域」と呼ばれることがあります。

1 ⊠をクリックします。

2 ［フローコンソール］画面が閉じられます。

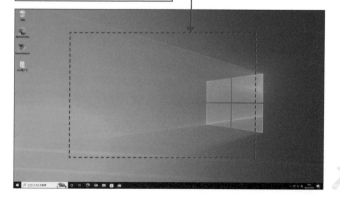

注意

インジケーターから終了する理由

ソフトウェアの中には、パソコンに画面表示されていなくても起動・実行されるソフトウェアが存在します。PADもその一種であり、バックグラウンドで起動・実行していることで、アップデート情報などを常に取得しています。すぐに使用する場合は問題ありませんが、そうでない場合はインジケーターから終了することで、パソコンの負担を下げることができます。

 補足

そのほかのメニューについて

[Power Automateコンソールを開く]をクリックした場合は、PADのコンソール画面（メイン画面）がデスクトップ上に表示されます。コンソール画面を❌で消してしまった場合は（P.28の手順❶参照）、こちらをクリックして再表示してください。また、[すべての実行中フローを停止]をクリックした場合、現在デスクトップ上で動いているフローを停止することができます。もしフローを途中で停止したい場合などが発生した場合はこちらをクリックしてください。

> 3 　∧（インジケーター）をクリックします。

> 4 　[Power Automate]のアイコンを右クリックします。

> 5 　[終了]をクリックします。

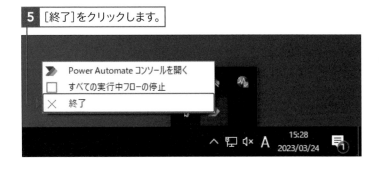

📢 **解説** **Windows 11での終了方法**

Windows 11でも終了方法はWindows 10と同じです。[フローコンソール]画面の終了は、手順❶と同様、画面右上にある❌をクリックします。続いて、[インジケーター]をクリックし、[Power Automate]のアイコンを右クリックして、表示されるメニューから[終了]をクリックします。

📢解説 Windows 11での拡張機能の有効化

Sec.04ではPADをWindows 10へインストールし、拡張機能の有効化などを行いました。Windows 11では標準でPADがインストールされているので、拡張機能の設定のみを行います。設定は以下のとおりです。

1 Microsoft Edgeを開きます。

2 🧩をクリックし、

3 [Microsoft Edgeアドオンを開く]をクリックします。

4 [Microsoft Edgeアドオン]画面に切り替わります。

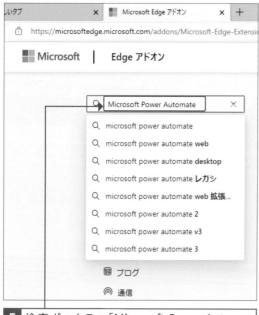

5 検索ボックスへ「Microsoft Power Automate」と入力し、Enterを押します。

6 検索結果は[Microsoft Power Automate] [Microsoft Power Automate（レガシ）]と2種類あるので、必ず[Microsoft Power Automate]であることを確認し、[インストール]をクリックします。

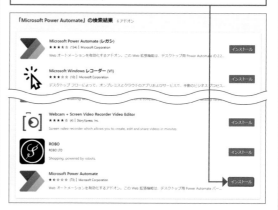

7 Windows 10の拡張機能の有効化時と同様にポップアップが表示されるので、[拡張機能の追加]をクリックします。

8 最後に、「Microsoft Power AutomateがMicrosoft Edgeに追加されました」のポップアップが表示されたら、有効化完了です。

Microsoft Power Automate が Microsoft Edge に追加されました

・拡張機能を管理するには、[設定など] > [拡張機能] をクリックします。

第 **2** 章

フローを作成・実行してみよう

自動化の一連の流れを理解しよう

ここで学ぶこと

- フロー
- アクション
- 作成手順

PADでは「フロー」と呼ばれる自動化プログラムを作成することができます。本章ではまず例としてレコーダー機能を使って1つのフローを作り、その効果を実感してもらいます。まずは、自動化の一連の流れを見ていきます。

① PAD利用の流れ

🔍 重要用語

フロー

RPAではプログラムのことを「ロボット」と呼ぶことがあります。このロボットのことをPADでは「フロー（あるいはデスクトップフロー）」と呼びます。フローはアクションなどの組み合わせによって業務を自動化・効率化する一連の流れを指します。このフローは基本的にアクションを上から順番（登録順）に処理していきますが、繰り返しや条件分岐などを設定することで自分の考えた流れでフローの処理を進めることができます。

🔍 重要用語

アクション

アクションとは、PADでExcelやWebブラウザなどを操作するにあたって、事前に用意されているプログラムのパーツのことを指します。標準機能としてたくさんのアクションがあり、これらを自由に組みわせることによってフローを作成します。

自動化の一連の流れは、以下のとおりです。STEP2のアクションの登録・設定は1つのアクションだけでなく、複数行うのが一般的です。またその際、登録したアクションを複製して設定を一部変えるなど、アクションの登録・設定を効率的に行うこともあります。さらに完成したフローを編集して、別のフローとして活用するといったこともよく行うので、本章ではSTEP5としてその工程も解説しています。

作成

STEP 1	
新規フローの作成	P.34参照

↓

STEP 2	
アクションの登録・設定	P.35参照

↓

STEP 3	
フローの保存	P.40参照

↓

実行

STEP 4	
フローの実行	P.44参照

↓

編集

STEP 5	
作成したフローの編集	P.46参照

② 本章で解説するレコーダー機能

レコーダーとは

レコーダーとはヒトが行った操作をPADが記録し、アクションに変換する機能です。普段と変わらない操作をするだけでアクションの設定ができるため、システム面のことを考える必要がなく、かんたんにRPA化が実現できます。

本章では、レコーダー機能を利用した自動化を解説しています。具体的には作成したフローを実行すると、指定したURLのWebページが自動で開き、同時にそのWebページのタイトルを記載したメッセージボックスが表示されるというものです。

③ レコーダー機能の使用用途

使用時のポイント

右のようにレコーダー機能にはメリット・デメリットがあり、その中でも誤操作・誤記録は非常に発生しやすいです。そこでレコーダー機能にある2つの機能を押さえておきましょう。

①一時停止
もし記録している途中に別のことをする場合は、[一時停止]をクリックすることで記録されなくなります。

②リセット
誤って本来記録する予定ではなかったものを多数記録してしまった場合や、誤った手順を記録してしまった場合は[リセット]をクリックすることでレコーダーの記録を最初からやり直すことができます。

レコーダー機能はヒトが行った操作をそのまま記録できるというメリットを持つ反面、デメリットとしてレコーダー機能ではできないことも存在します。そのため、メリット・デメリットをよく理解してから活用することが重要です。

メリット	●ヒトが行った操作をそのまま記録できるため、直感的にフローを作成することができます。 ●どのアクションを使用してよいかわからないときに、レコーダーで記録することでフロー内にアクションを配置できます。 ●WebブラウザやUIオートメーション（P.74参照）など、操作対象によって自動でアクションを判別してくれます。
デメリット	●レコーダーでは記録できないアクションが存在します。 　例）Excelを操作した場合、ExcelグループのアクションではなくUIオートメーショングループのアクションになります。 ●上から下へ流れる単純なフローは作成できるが、条件分岐や繰り返し処理などはレコーダーでは記録することができません。 ●マウスクリックやキーボード入力など1つ1つ細やかに記録されてしまうため、不要な操作まで記録されてしまうことがあります。

記録できるアクションの例	記録できないアクションの例
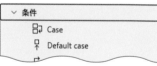	

33

ここで学ぶこと

・フロー
・レコーダー
・Webブラウザ操作

Sec.06でも説明したとおり、ここではまず新しいフローを作成し、続いてレコーダー機能を使う設定を行います。複数の画面で設定することになりますが、手順どおりに進めていけばかんたんに自動化を実現できます。

① 新しいフローを作成する

解説

フロー名の付け方

フロー名には半角全角問わず日本語や英数字、記号などあらゆる文字が使用可能です。一目でフロー内容が把握できるような分かりやすいフロー名を付けることを推奨します。

補足

画面構成について

[フローコンソール]画面と[フローデザイナー]画面の画面構成については、第3章を参照してください。

1 P.26を参考にPADを起動し、[フローコンソール]画面を表示します。

2 [新しいフロー]をクリックします。

3 [フロー名]に「今かんテスト」と入力し、

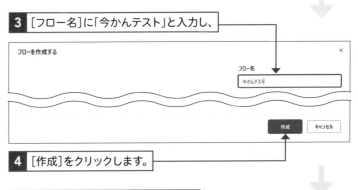

4 [作成]をクリックします。

5 新規フローが作成されると同時に、

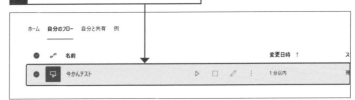

6 [フローデザイナー]画面が立ち上がります。

② レコーダー機能を使う

✎ 補足

Webブラウザの起動について

Webブラウザ操作をレコーダー機能で記録する際は、事前にWebブラウザを開いておく必要はなく、手順②のように[レコーダー]画面を開き、ここからWebブラウザを選択して開くことが可能です。Internet Explorer以外のWebブラウザを利用する際は、各Webブラウザの拡張機能をインストールする必要があります。インストールは、[ツール]メニューからインストールページにアクセスすることで行います。

✎ 補足

記録可能なWebブラウザの種類

レコーダー機能で記録可能なWebブラウザは「Microsoft Edge」「Chrome」「Firefox」「Internet Explorer」の4種類です。手順④でWebブラウザを選択するとURLが設定されていない真っ白なページが表示され、[記録されたアクション]にWebブラウザの起動アクションが追加されます。なお、手順④では拡張機能がインストールされていないWebブラウザも選択できますが、拡張機能をインストールしていない場合は、処理を記録しようとすると拡張機能インストールを促すダイアログボックスが表示されます。

---

1 [フローデザイナー]画面で[レコーダー]をクリックします（[レコーダー]の文字を確認したい場合は、全画面表示にするか、ウィンドウサイズを大きくします）。

2 [レコーダー]画面が開くので、⋮ をクリックし、

3 [新しいWebブラウザーを起動する]をクリックして、

4 [Microsoft Edge]をクリックします。

5 「Microsoft Edge」が起動して、真っ白のページが開かれたことを確認し、

6 Microsoft Edgeのアドレスバーをクリックし、Delete などで「about:blank」を削除します。

7 アドレスバーに「https://www.google.co.jp/」と入力し、Enter を押します。

記録した処理の修正

[レコーダー]画面の[記録]をクリックするとあらゆる処理が記録されます。記録した処理はアクションとして[記録されたアクション]に表示されていき、ゴミ箱アイコンをクリックして不要なアクションを削除したり、入力内容をクリックして変更したりすることが可能です。

起動URLの設定

レコーダー機能開始時にWebブラウザを選択した際はURLが設定されていない真っ白なページが表示されます（P.35手順**5**参照）。Webブラウザ起動アクションに設定されるURLは[about:blank]となっています。

8 GoogleのWebサイトが表示されていることを確認します。

9 [レコーダー]画面の[Webブラウザーの起動]の「about:blank」をクリックします。

10「about:blank」を削除して、「https://www.google.co.jp/」と入力し、Enterを押します。

11 [レコーダー]画面の[記録]をクリックします。

12 Webブラウザの検索ワード入力欄に「にほんしすてむかいはつかぶしきがいしゃ」と入力し、Enterを押して、続けてTabを押します。

注意

Tab を押す理由

検索ワード入力後に Tab を押す理由は、入力内容を確定して検索ワード入力→検索ボタンクリックという一連の処理を記録するためです。Tab を押さないで入力内容を確定しないまま検索を行ってしまうと、一連の処理を正しく記録することができず、特定の検索結果ページに移動する処理として記録されてしまいます。

補足

レコーダーを最初からやり直す

操作を間違ってしまった場合や[記録されたアクション]に正しい処理が追加されなかった場合、P.36 上の「補足」の修正方法だけでなく最初からやり直すことも可能です。もしやり直す場合は[レコーダー]画面の下部にある[キャンセル]ボタンをクリックし、[レコーダーを終了しますか？]画面で[はい]をクリックしてください。

13 [レコーダー]画面の「記録されたアクション」に[Webページ内のテキストフィールドに入力]が追加されていることを確認します。

14 Webブラウザで[Google検索]をクリックします。

15 [レコーダー]画面の「記録されたアクション」に[Webページのボタンをクリック]が追加されていることを確認します。

コメントの追加

[レコーダー]画面の[コメントを追加]を
クリックすることで、記録した処理に対
してコメントを追加することが可能で
す。コメントはフロー名と同様にあらゆ
る文字が使用でき、任意の文章を設定す
ることが可能です。

16 Webブラウザで「会社概要」をクリックします。

17 [レコーダー]画面の「記録されたアクション」に[Webページ
の要素をクリック]が追加されていることを確認します。

「補足」参照

---

③ レコーダー機能を終了して不要な部分を削除する

1 [レコーダー]画面の[完了]をクリックします。

コメントアクションの反映

コメントを含めた状態で[完了]をクリックすると、コメントアクションも反映され、フロー反映後もほかのアクションと同様に編集や削除をすることが可能です。

「Webページに移動」が記録されてしまう場合

一連の操作のなかでGoogleのトップ画面から検索画面への移動、検索画面から日本システム開発サイトへの移動がありますが、このときにPADが誤って「Webページに移動」を記録してしまうことがあります。[フローデザイナー]画面を確認し、もし「Webページに移動」が入っている場合は、手順3、4を参考にアクションを削除してください。

不要なウィンドウは閉じる

フローへ記録結果の反映が完了したらWebブラウザは不要となるので閉じます。誤操作を防ぐために不要なウィンドウは閉じるようにしましょう。

2 ［フローデザイナー］画面でアクションが作成されていたことを確認し、

3 アクション4に［Wait］、アクション5に［キーの送信］がある場合は、Shiftを押しながら2つのアクションをクリックして選択し、

4 右クリックして表示されるメニューから［削除］をクリックします。

5 ［フローデザイナー］画面でアクション1～6まであることを確認します。

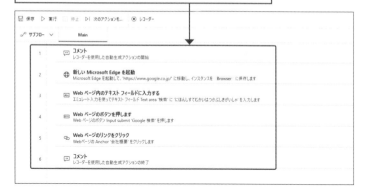

6 ✕をクリックして、Webブラウザを閉じます。

Section

08 | フローを保存しよう

ここで学ぶこと

・フローの保存
・別名保存
・フローの削除

作成や編集をしたフローは自動的に保存されないため、使用者が必ず保存しなければなりません。保存方法もいくつか種類があるため、ここではそれぞれの方法について解説します。

1 作成したフローを保存する

ショートカットキー

保存のショートカットキー

フローを保存する際は、クリック以外にもショートカットキーで実行することが可能です。

● 保存
  Ctrl + S

● 名前を付けて保存
  Ctrl + Shift + S

1 [フローデザイナー]画面の[保存]をクリックします。

2 作成したフローを別名保存する

1 [ファイル]をクリックします。

別名保存の活用法

別の名前を付けてフローを保存する際、手順**3**では［フロー名-コピー］という別名設定が標準で付いています。もちろんこの標準の名前ではなく、任意のフロー名に変更することが可能です。別名保存すると、内容は同じで名前が異なるフローを作成することができます。フローのバックアップを作成したり、処理内容によってフロー名を分ける際に活用できます。

2 ［名前を付けて保存］をクリックします。

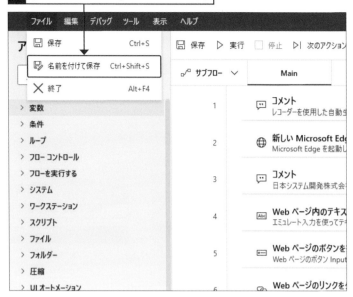

3 ［保存］をクリックします。

4 ［閉じる］をクリックします。

名前を付けて保存 ✕

このフローのコピーが作成され、[自分のフロー] に追加されます

フロー名

今かんテスト - コピー

✔ 保存済み　　　閉じる

補足

フローの保存先

Microsoft アカウントの種類が個人・組織どちらに当たるのかによって、フローの保存先は異なります。個人アカウントを利用している場合は、OneDriveの「アプリ」フォルダー（「Apps」フォルダー）内にある「Power Automate Desktop For Windows」フォルダーにあります。ただ、ファイル名は日本語や英語ではないため、どのフローに該当するのかわからないようになっています。また、組織アカウントの場合は、Microsoft 365内のDataverseに保存されています。こちらは管理者でないと閲覧できず、細かい情報は確認することができません。

5 ［フローデザイナー］画面の ✕ をクリックします。

6 ［フローコンソール］画面にフローが2つ作成されていることを確認します。

③ 保存したフローを削除する

補足

使用しないフローは閉じる

使用しないフローを開いたままにしてしまうと、実行や編集するフローを間違えてしまう危険性があるので、上の手順**5**のように開いたままにせず閉じるようにしましょう。

1 ［フローコンソール］画面の［今かんテスト - コピー］をクリックします。

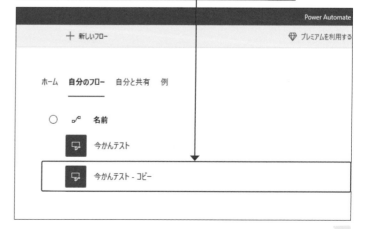

削除可能なフローのステータス

フローの削除は、ステータスが［実行さ
れていません］となっているフローのみ
が可能です。［現在編集中］［実行中］と
なっているステータスのフローは削除でき
ません。フローを削除する際は［フロー
デザイナー］画面を閉じてステータスが
［実行されていません］となっていること
を確認してください。

キー操作でのフロー削除

キー操作でもフローを削除することが可
能です。削除したいフローをクリックし
て選択されているのを確認してから、
Delete を押すことでフローを削除しま
す。**削除してしまったフローは復元でき
ないので、注意してください。**

---

2 ⋮ をクリックします。

3 ［削除］をクリックします。

4 ［はい］をクリックします。

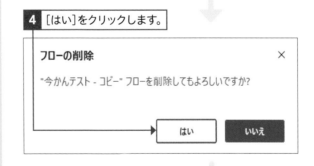

5 ［今かんテスト - コピー］が削除されたことを確認します。

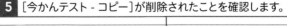

Section

09 | フローを実行しよう

ここで学ぶこと

・フローの実行
・ステータス
・デバッグ

フローは実行ボタンをクリックすることではじめて実行されます。作成したフローの動きを確認したいときや、実際に使用したいときは実行ボタンをクリックしてください。

1 [フローコンソール] 画面から実行する

💬 解説

[フローコンソール] 画面から実行時のフローステータス

[フローコンソール]画面からフローを実行すると、フローのステータスが[実行中]に変更されます。コンソール画面から実行可能なステータスは[実行されていません]と[現在編集中]の2つです。

実行中

1 作成したフローの ▷ をクリックします。

2 Webブラウザで日本システム開発の会社概要ページが表示されることを確認し、

3 ✕ をクリックします。

4 フロー完了通知ウィンドウが表示されることを確認し、

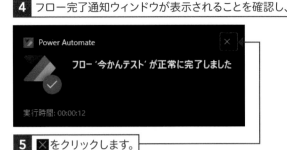

5 ✕をクリックします。

② [フローデザイナー] 画面から実行する

補足

さまざまな実行方法

フローの実行は、手順**2**の画面で F5 を押すことでも可能です。また、1アクションごとに実行と一時停止を繰り返す場合は、[デバッグ]をクリックして表示されるメニューから[次のアクションを実行]をクリックするか、F10 を押します。

デバッグ ツール 表示 ヘルプ	
▷ 実行	F5
▷| 次のアクションを実行	F10
‖ 一時停止	Ctrl+Pause
☐ 停止	Shift+F5
● ブレークポイントの切り替え	F9
⊗ すべてのブレークポイントを削除	Ctrl+Shift+F9

1 作成したフローの ✎ をクリックします。

2 [実行]をクリックします。

3 Webブラウザで日本システム開発の会社概要ページが表示されることを確認し、

4 ✕をクリックして、Webブラウザを閉じます。

Section

10

作成したフローを編集しよう

ここで学ぶこと

・フローの編集
・ページタイトル
・ポップアップ

フローは新規作成するだけでなく、すでに作成したフローを編集することも可能です。ここでは、Sec.07で作成したフローの内容を編集して、Webページのページタイトルを取得します。

① Webページのタイトルを取得する

解説

ページタイトルの取得

ページタイトルとは、Webブラウザのタブに記載されているページ名や検索結果ページに表示されるリンクのことを指します。ここでは、ページタイトルを取得してメッセージボックスに表示するようにフローを編集します。

1 作成したフローの ✐ をクリックします。

2 [ブラウザー自動化]の ⟩ をクリックします。

3 [Webデータ抽出]の ⟩ をクリックします。

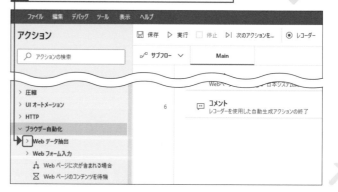

補足

取得可能な内容

[Webページ上の詳細を取得します] アクションでは、Webページのタイトル以外にもページ説明、メタキーワード、ページのテキスト一覧、ソースコード、URLを取得することが可能です。処理内容に応じて[取得]のドロップダウンリストから選択してください。たとえば、[取得] を [Webページの現在のURLアドレス] に設定するとURLを取得します。

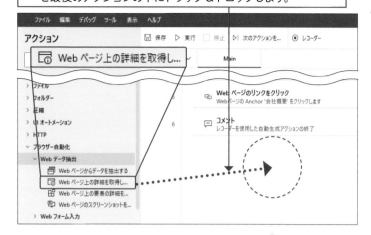

4 [Webデータ抽出]内の[Webページ上の詳細を取得します] を最後のアクションの下にドラッグ＆ドロップします。

5 [取得]の ∨ をクリックし、

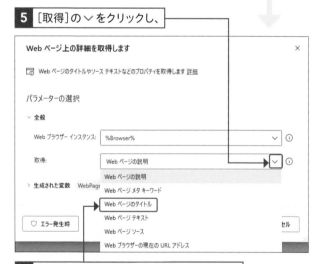

6 [Webページのタイトル]をクリックします。

7 [保存]をクリックします。

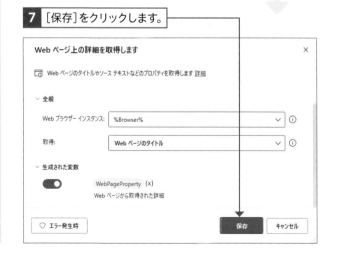

重要用語

Webブラウザーインスタンス

[取得]の上にある[Webブラウザーインスタンス] は、PADがWebブラウザを操作するために使用する専用の変数です。アクションペイン内の[ブラウザー自動化] グループに属するアクションは、このWebブラウザーインスタンスを設定することで、決められたWebブラウザで処理を行うことができます。

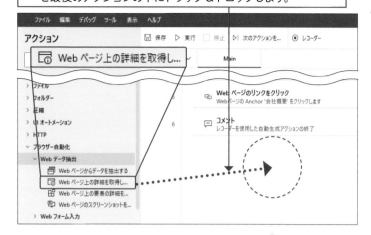

② 取得したタイトルを表示する

💬 解説

取得結果の確認方法

取得結果は実行後の変数から確認することができますが、よりかんたんでわかりやすい方法として、メッセージボックスに出力して確認するようにします。そのために取得結果の変数をメッセージボックスに出力する設定を行います。

✏️ 補足

表示するメッセージにのみ変数を設定する理由

[メッセージボックスのタイトル]は固定なので直接テキストを入力しますが、出力内容であるWebページのタイトルは設定する検索ワードによって変動するので、変数を使用します。ここでは、[Webページ上の詳細を取得します]アクションの取得結果に設定されている変数[WebPageProperty]を設定します。

✏️ 補足

メッセージボックスアイコンの種類

[メッセージボックスアイコン]でメッセージボックスのアイコンを変更することが可能です。デフォルトの[いいえ]はアイコンが表示されませんが、[情報][質問][警告][エラー]ではそれぞれの意味合いを表すアイコンが表示されます。

---

1 [メッセージボックス]の > をクリックし、

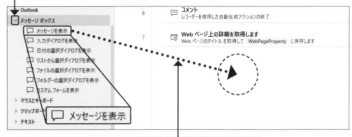

2 [メッセージを表示]を最後のアクションの下にドラッグ＆ドロップします。

3 [メッセージボックスのタイトル]の右の枠に「ページタイトル」と入力し、

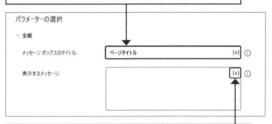

4 [表示するメッセージ]の {x} をクリックします。

5 [WebPageProperty]をクリックし、

6 [選択]をクリックします。

7 [メッセージボックスを常に手前に表示する]の ◯ をクリックして ● にし、

8 [保存]をクリックします。

③ 編集結果を保存・実行する

💬 **解説**

フロー実行前に保存

フローを定期的に保存することで、フローが保存されず編集内容を失ってしまうという万が一の事態を防ぐことが可能です。フローを定期的に保存する意識付けとして、実行前に保存する習慣を付けておきましょう。

1 [保存]をクリックし、

2 [実行]をクリックします。

3 Webブラウザで日本システム開発のトップページのタイトルとメッセージボックスが表示されることを確認します。

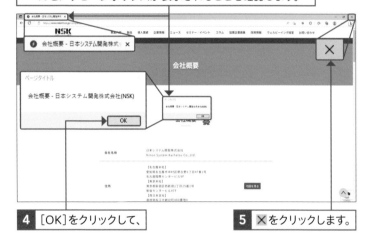

4 [OK]をクリックして、

5 ☒をクリックします。

✦ **応用技** **レコード記録時のオプションについて**

レコーダーでは、左クリックや入力などマウスやキーボードで行った操作をそのまま記録するだけでなく、各操作対象に合わせて使用可能なオプションが用意されています。たとえば操作対象が入力できる項目の場合は、オプション内に「テキストフィールドに入力する」のオプションが表示されています。このオプションは操作対象で右クリックを行うことで確認可能です。

補足 **フローの停止・一時停止方法**

PADはどの画面でフローを実行するかに応じて、それぞれ使いやすいように停止・一時停止の方法が設定されています。

●[フローコンソール]画面から実行する場合

この実行方法では、[フローコンソール]画面のアイコンだけでなく通知欄から停止・一時停止を選択することができます。

また、コンソール設定でショートカットキーを設定することで、特定のキーを押してフローを停止することができます。デフォルトでは Ctrl + Shift + Alt + T の4つのキーを同時に押す設定になっています。なお、ショートカットキーを使用する場合は停止のみであり一時停止はできません。

●[フローデザイナー]画面から実行する場合

[フローデザイナー]画面から実行する場合は、画面内のアイコン、メニューから停止・一時停止を選択できます。また、[フローデザイナー]画面では停止・一時停止に対して固定のショートカットキーが設定されているため、こちらのキーを押すことでフローの停止（ Shift + F5 ）・一時停止（ Ctrl + Pause ）を行うことができます。

第 **3** 章

画面構成を知ろう

11 | フローコンソールを知ろう

ここで学ぶこと

・フローコンソール
・画面構成
・コンソール設定

PADを起動したときに開かれる最初の画面を［フローコンソール］画面と呼びます。フロー作成の起点となる画面でもあります。ここでは［フローコンソール］画面の画面構成、コンソール設定について、詳しく説明します。

3

画面構成を知ろう

1 ［フローコンソール］画面の画面構成

［フローコンソール］画面では、フローの新規作成、既存フローの実行や編集が行えます。また、PADの設定やサンプルフローの確認なども行うことができ、これらを使用していくうえで基準となる画面となっています。

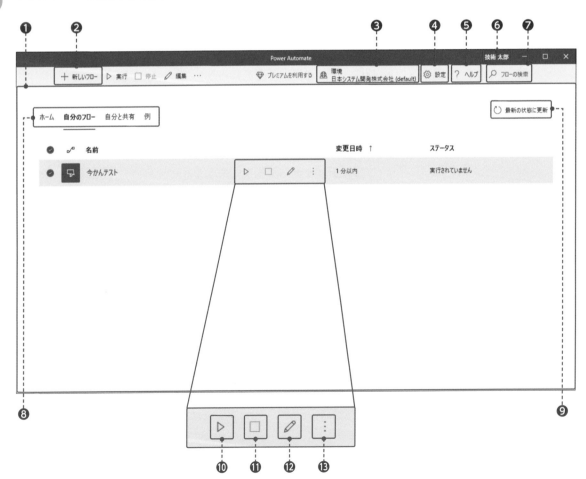

❶フローのリスト	フローの名称、変更日時、実行状態を確認できます。また、リストメニュー（❽参照）の項目によってはホームやフロー例を表示します。
❷新しいフロー	新規フローを作成できます。クリックすると［フローを作成する］画面が表示されます。
❸環境	現在接続されている環境を確認できます。　※組織アカウントのみ
❹設定	コンソールの設定画面を表示できます。
❺ヘルプ	ヘルプメニューを表示できます。
❻ユーザー名	ログインユーザー名が表示されます。
❼フローの検索	フローのリスト内を検索できます。
❽リストメニュー	フローコンソール画面を［ホーム］［自分のフロー］［自分と共有］［例］の4つから選択して切り替えることができます。標準では［ホーム］が選択されており、フローの実行や編集をするためには［自分のフロー］を使用します。 ※個人アカウントでは［ホーム］［自分のフロー］［例］の3つです。
❾最新の状態に更新	リストメニューの［自分のフロー］［自分と共有］において、フローのリストの表示を最新の状態にします。
❿実行	フローを実行できます。
⓫停止	実行中のフローを停止できます。
⓬編集	クリックすると［フローデザイナー］画面が表示されます。
⓭その他のアクション	❿〜⓬を含むアクションに関するメニューを確認できます。

✏️補足　アカウント種別による画面の違い①

Sec.04の手順にそってMicrosoftアカウントを作成した場合、アカウント種別が「個人アカウント」となります。その場合、本書での画面表示とは異なる点があります。

［自分と共有］がなく、［自分のフロー］［例］の2種類のみとなっている　‑ ‑ ‑→［環境］の記載がない

❻のログインユーザー名をクリックすると、ログイン中のメールアドレスの下に、組織アカウントの場合は「組織名」、個人アカウントの場合は「Microsoft」と表示されます。また組織アカウントの場合は［組織を切り替える］という切り替えメニューが表示されます。

組織アカウントの場合

個人アカウントの場合

② コンソール設定とは

コンソール設定とは、PADの[フローコンソール]画面で[設定]をクリックした際に表示される部分のことを指します。コンソール設定は[全般][データ収集]の2種類のタブに分かれています。

▶ 全般

PADを使用するにあたり基本的なことを設定するタブです。

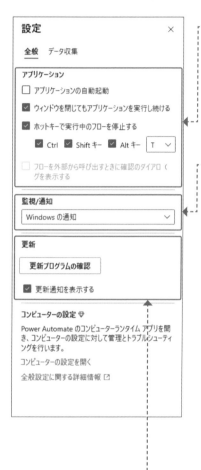

アプリケーション

PADの起動や終了など、アプリケーション本体のことを中心に設定する部分です。[ウィンドウを閉じてもアプリケーションを実行し続ける]にチェックが入っていない場合、P.29で解説しているインジケーターでの終了が不要になります。
また[ホットキーで実行中のフローを停止する]にチェックが入っている場合、設定したキーを押すことでフローを停止することができます。

監視/通知

フローを実行したに表示する通知欄の設定部分です。[Windowsの通知][フロー監視ウィンドウ][表示しない]の3種類から選択することができます。[表示しない]以外の2つの違いは以下のとおりです。

	Windowsの通知	フロー監視ウィンドウ
通知の種類	Windows共通	PAD専用
フローの一時停止・停止	○	○
実行中アクションの確認	×	○
実行時間の確認	終了時のみ可能	常に可能
エラー内容の確認	×	○
通知ウィンドウ		

更新

PADの更新に関する設定ができます。[更新プログラムの確認]をクリックすると、現在インストールされているバージョンに対して更新の有無を確認することができます。また、[更新通知を表示する]にチェックが入っている場合、アプリケーションの更新があると通知が表示されます。

更新がある場合のポップアップ　　　　更新がない場合のポップアップ

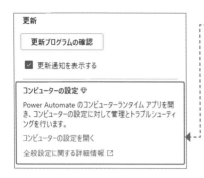

コンピューターの設定

組織アカウントの場合、PADがインストールされている端末を登録し、Power Automateの有償版を契約することで、スケジュール実行などができるようになります（個人アカウントの場合は、この［コンピューターの設定］項目はありません。下記「解説」参照）。

▶ データ収集

PADの製品の向上やセキュリティの維持などを目的として、マイクロソフトへデータの送信設定を行うタブです。基本的にはインストール時に設定するため、デフォルトのまま変更する必要はありません。

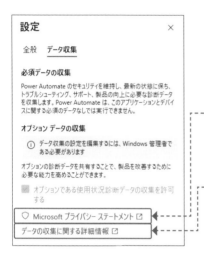

Microsoft プライバシーステートメント

取り扱うデータのセキュリティポリシーなどが気になる場合は、ここをクリックすると、MicrosoftのWebページ上にある該当するページが自動的に開かれます。

データの収集に関する詳細情報

必須データやオプションデータなどデータの内容や種類などが気になる場合は、ここをクリックすると、MicrosoftのWebページ上にある該当するページが自動的に開かれます。

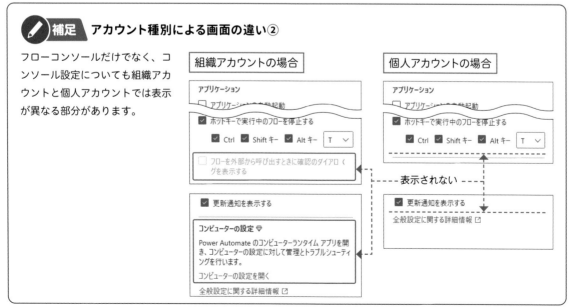

補足　アカウント種別による画面の違い②

フローコンソールだけでなく、コンソール設定についても組織アカウントと個人アカウントでは表示が異なる部分があります。

Section

12 | フローデザイナーを知ろう

ここで学ぶこと

・フローデザイナー
・画面構成
・編集

Sec.10では[フローコンソール]画面について解説しましたが、PADにはもう1つ基準となる画面が存在します。それが[フローデザイナー]画面です。ここでは[フローデザイナー]画面の画面構成について解説します。

---

1 [フローデザイナー]画面を表示する

💬 解説

[フローデザイナー]画面とは

[フローデザイナー]画面は、PADでフローを作成や編集するための画面です。フローの作成とテスト（デバッグ）に必要なすべての機能が含まれているほか、フロー内で使用している画像やUI要素、変数などをまとめて管理することができます。

1 [フローコンソール]画面を表示し（P.34参照）、

2 [＋新しいフロー]をクリックします。

3 フロー名を入力し、

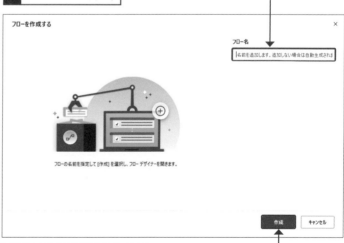

4 [作成]をクリックします。

5 フローコンソールにフローが作成され、[フローデザイナー]画面が表示されます。

P.56では新規で新しいフローを作成する場合の［フローデザイナー］画面の表示方法を解説しています。［フローコンソール］画面から、作成したフローの［編集］ $\mathscr{O}$ をクリックすると、すでに作成しているフローに対する［フローデザイナー］画面が表示されます。

② ［フローデザイナー］画面の画面構成

［フローデザイナー］画面は1つの画面内に複数のペイン（領域）により構成されています。使用する際は各ペインの機能を使い分けながらフローの作成や編集を行います。

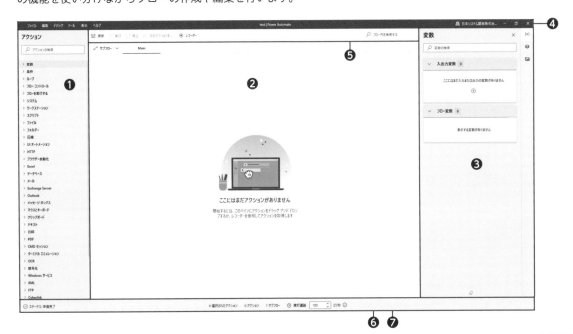

❶アクションペイン	PADで使用できるアクションが一覧化されている領域です。
❷ワークスペース	フローの作成・編集を行うメインとなる領域です。
❸変数ペイン／UI要素ペイン／画像ペイン	フロー内で使用している変数／UI要素／画像を管理するための領域です。なお、画像ペインについては、使用頻度も少ないため本書では割愛しています。
❹メニューバー	フローを作成・編集するうえで必要な各操作をまとめた領域です。
❺ツールバー	メニューバー内から使用頻度の多い操作をまとめた領域です。
❻状態バー	ステータスなどフローの状態を示すための領域です。
❼エラーペイン	エラー箇所などを示す領域です。フロー内でエラーが発生している場合にのみ表示されます。

本書では❶〜❸をメイン画面、❹〜❼をサブ画面として位置付け、メイン画面をSec.13〜15、サブ画面をSec.16で解説します。

フローデザイナー画面を知ろう① 〜アクションペインとワークスペース

ここで学ぶこと

・アクションペイン
・ワークスペース
・サブフロー

［フローデザイナー］画面のメイン画面は大きく3つに分けることができます（P.57参照）。ここではその2つ、アクションペインとワークスペースについて解説します。ワークスペースではサブフローという便利なフローについても解説します。

① アクションペインについて

アクションペインとは、PADで使用できるアクションが一覧化されている領域です。フローを作成する場合、使用するアクションをアクションペインから選び、ワークスペースに配置します。

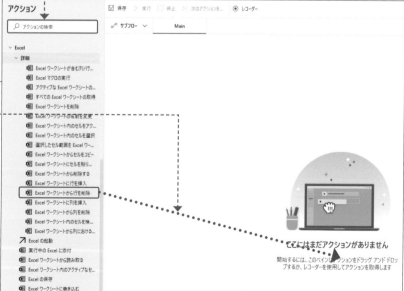

ExcelやWebブラウザなどアクションの操作対象ごとにグループ分けされています（アクショングループ）。また、各グループ内で類似する操作がある場合、さらに小グループとして分けられており、使用者がわかりやすいようになっています。グループの展開は > をクリックし、展開を閉じる場合は ∨ をクリックします。本書で解説しているver.2.30では、40グループ、404のアクションが用意されています。

上部にはアクション専用の検索バーが用意されています。使用したいアクションが見つからない場合は、検索バーにアクション名を入力します。検索は完全一致ではなく部分一致で、該当するアクションは小グループを展開した状態ですべて表示されます。なお、検索対象はあくまでもアクション名であるため、グループ名を検索した場合はヒットしないので注意してください。

アクションを使用する場合、アクションをダブルクリック、もしくはアクションペインからワークスペースの任意の場所へドラッグ＆ドロップすることで配置することができます。

ここにはまだアクションがありません

開始するには、このペインからアクションをドラッグ アンド ドロップするか、レコーダーを使用してアクションを取得します

② ワークスペースについて

ワークスペースとは、フローの作成・編集を行うメインとなる領域です。

＜----PADはワークスペースへアクションを追加、また追加されたアクションの
編集や削除を行い、さらに各フローの作成・編集を行いながら、業務フロー
の自動化を完成させていきます。

▶ フローの操作メニュー

ワークスペースへ追加されたアクションを右クリック、もしくはアクションの右にある：をクリックすることで、
各種操作を行えるメニューが表示されます。項目の右にはショートカットキーが記載されています。

✏ 編集	Enter
▷ ここから実行	Alt+F5
↩ 元に戻す	Ctrl+Z
↪ やり直す	Ctrl+Y
✂ 切り取り	Ctrl+X
⧉ コピー	Ctrl+C
⧉ 貼り付け	Ctrl+V
↑ 上に移動	Shift+Alt+Up
↓ 下に移動	Shift+Alt+Down
アクションを無効化する	
🗑 削除	Del

アクションを有効化する

アクション	説明
✏ 編集	アクションの設定を変更できます。追加されたアクションをダブルクリックすることでも同様のことが可能です。
▷ ここから実行	指定したアクションを起点としてフローを実行できます。
↩ 元に戻す／ ↪ やり直す	アクションの追加や編集を元に戻す／やり直すことができます。ワークスペース内のアクション以外の場所を右クリックすることでもメニューを表示することができます。
✂ 切り取り／⧉ コピー／ ⧉ 貼り付け	指定したアクションの切り取り／コピー／貼り付けができます。ワークスペース内のアクション以外の場所を右クリックすることでもメニューを表示することができます。
↑ 上に移動／↓ 下に移動	指定したアクションの場所を上に移動／下に移動できます。アクションをドラッグ＆ドロップすることでも同様のことが可能です。
アクションを無効化する／ アクションを有効化する	フロー内でアクション実行の有無を設定できます。無効化になっている場合、該当のアクションをスキップしてフローを実行します。なお、［アクションを無効化する］［アクションを有効化する］の操作は、ショートカットキーによる操作は行えません。
🗑 削除	ワークスペースへ追加されたアクションを削除します。

 補足 アクションの貼り付け／コピー

ワークスペースで選択したアクションを切り取り、もしくはコピーした場合、ワークスペース内の任意の場所へ貼り付けることができます。この操作は同じフロー内だけではなく、別のフローに対しても行うことができます。

③ ワークスペースとサブフロー

すべてのフローには必ずMainフローが存在しています。PADでは原則的にMainフローに配置したアクションのみ実行するようになっています。しかし、例外としてサブフローを作成し、Mainフローから呼び出すための処理を使用することで、サブフローに配置したアクションも実行できるようになります。このサブフローは任意の名称で新規作成することができます。サブフローの活用によって、「Mainフローだけで構成されたアクションのフローの内容が多く複雑で、見づらく管理しづらい」といった問題を解消することができます。

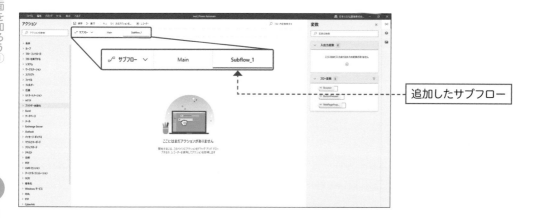

追加したサブフロー

④ サブフローを作成する

📝 補足

サブフロー名

サブフロー名は英数字と [_ (アンダースコア)] しか使用できないため注意してください。

1 ワークスペース左上の[サブフロー]をクリックし、

2 表示されるメニューから [+新しいサブフロー]をクリックします。

3 任意のサブフロー名を入力し(ここでは、デフォルトの「Subflow_1」のまま)、

4 [保存]をクリックします。

5 サブフローが作成されました。

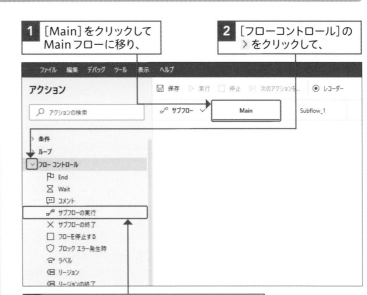

⑤ 作成したサブフローを使用する

 解説

サブフローの実行方法

作成したサブフローを実行するには、アクションペイン内の［フローコントロール］グループにある［サブフローの実行］アクションをMainフローやほかのサブフローに新規に追加します。

✏️ **補足**

右クリックメニューによる サブフローへの各種操作

ワークスペース上部のサブフロー名を右クリックすることで、サブフローへの各操作を行うことができます。なお、このメニューでサブフローを閉じた場合、サブフロー一覧からサブフロー名をダブルクリックすることで、ワークスペースへ再度表示することができます。もし、不要なサブフローがある場合は［削除］することができますが、Mainフローは削除できません。

1 ［Main］をクリックして Mainフローに移り、

2 ［フローコントロール］の 〉をクリックして、

3 ［サブフローの実行］をダブルクリックします。

4 ∨をクリックし、

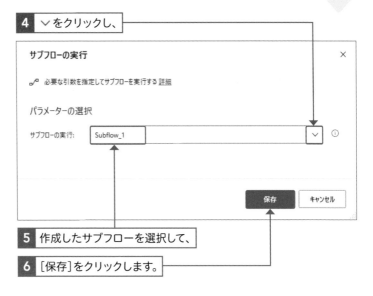

5 作成したサブフローを選択して、

6 ［保存］をクリックします。

Section 14 フローデザイナー画面を知ろう② ～変数ペイン

ここで学ぶこと

・フロー変数
・入力変数
・出力変数

ここでは、［フローデザイナー］画面の変数ペインについて解説していきます。PADではフローを作成するうえで必ず「変数」を使用します。「変数」については第4章でも解説しているので、併せてマスターしてください。

1 変数ペインについて

（解説）

変数とは

PADにおける変数とは、フロー内で使用するデータを格納する領域のことを指します。「データを入れることのできる箱」と考えれば理解しやすいでしょう。ここでいうデータとは、数字やテキストなどを指します。この箱を作っておけば、いつでもその箱の中にデータを入れたり、確認したりすることができます。プログラミングの用語では、箱にデータを入れることを「代入」、箱の中のデータを確認することを「参照」といいます。

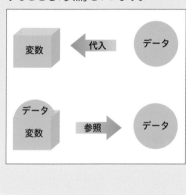

変数ペインとは、フロー内で使用している変数を管理するための領域です。変数ペインは大きく分けて「フロー変数」「入出力変数」の2項目で構成されており、変数の検索や名称変更、変数に格納された値の確認などを行うことができます。

入出力変数

フロー内で使用するだけでなく、Power AutomateのフローやほかのPADのフローへ変数を受け渡す場合に使用する項目です。本書で行っている内容はすべて単体のフローとして開発・実行できるため、本書では扱っておりません。そのため解説は割愛しています。

フロー変数

フロー内で使用している変数を管理するための項目です。

変数名

② 変数の型や格納された値を確認する

変数名とは

「変数」を「データを入れることのできる箱」と解説しましたが、この箱には名前を付けることができます。その名前のことを「変数名」と呼びます。右の手順は、第2章で作成したフローを実行したあとの画面から解説しています。なお、変数の型については、P.78で解説します。

1 フローを実行後、変数名をダブルクリックします。

2 変数値ビューアーが表示され、変数の型や格納された値を確認できます。

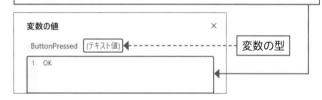

変数の型

③ 変数に対する操作メニューを開く

操作メニューの表示

操作メニューは：をクリックしても表示させることができます。

1 変数名を右クリックすると、

2 操作メニューが表示されます。

変数のピン留めを行う

フローを作成・編集していく中で、フロー全体のアクション数が増えると変数も自然と増えてしまい、「確認したい変数がどこにあるかわからない」といったことになってしまいがちです。その場合、上記の操作メニューから確認したい変数へ[ピン留めする]を設定することで、フロー変数欄の最上位に表示することができます。

ピン留めを使用しない場合

ピン留めを使用した場合

フローデザイナー画面を知ろう③ 〜UI要素ペイン

ここで学ぶこと

・UI要素
・セレクタービルダー
・UI要素メニュー

ここでは、フロー内で使用している「UI要素」の追加や修正、管理するための領域である「UI要素ペイン」について解説します。また、UI要素の内容を確認・編集できるセレクタービルダーの表示方法も紹介します。

① UI要素ペインについて

[フローデザイナー]画面の標準設定では、ワークスペースの右側に変数ペインが表示されます。変数ペインの右側にある ▨ をクリックすると、変数ペインが表示されていた場所にUI要素ペインが表示されます。UI要素とは、WebブラウザやWindowsアプリケーションを使用した場合に表示されているウィンドウやインプットボックス（入力欄）、チェックボックスやボタンなどの「画面を構成する要素」のことを指します。

クリックすると
UI要素ペイン
を表示

UI要素

クリックすると画
像ペインを表示

使用頻度が少ないた
め本書では解説を割
愛しています。

② UI要素を基準として各種操作を行う

PADでは、WebブラウザやWindowsアプリケーションを操作する際、画像認識や画面上の座標を基準にする方法のほかに、UI要素を基準としてクリックや入力など各種操作を行うことができます。
そもそもフローでWebブラウザやWindowsアプリケーションを操作する場合は、「UI要素を取得したうえで、各種アクションを設定する」形をとります。つまり、実はフローの作成・編集時に取得したUI要素（画面を構成する要素）は、すべてUI要素ペインに追加されているのです。UI要素ペインでは、そうしたUI要素の追加や確認、編集、削除、検索といったことができるようになっています。

③ セレクタービルダーを表示する

重要用語

セレクタービルダー

セレクタービルダーとは、UI要素の内容を確認・編集するエディターです。「ビジュアルエディター」と「テキストエディター」があるため、使いやすいエディターを使用してください。

補足

UI要素のメニューを開く

UI要素を選択して：をクリックするか、選択したUI要素を右クリックすると、UI要素の操作メニューを開くことができます。操作メニューにはセレクタービルダーを表示する[表示]やフローのどこでUI要素を使用しているかを確認できる[使用状況の検索]などがあります。

1 ◈ をクリックした状態で、任意のUI要素をダブルクリックします。

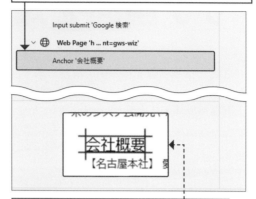

UI要素を選択すると対象画像が表示される

2 セレクタービルダーがビジュアルエディターで表示されます。

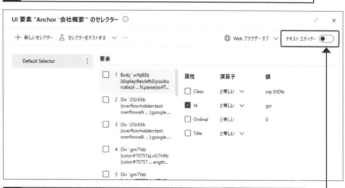

3 [テキストエディター]の ◯ をクリックして ◉ にします。

4 セレクタービルダーテキストエディターで表示されます。

フローデザイナーの サブ画面を知ろう

ここで学ぶこと

・メニューバー
・ツールバー
・状態バー/エラーペイン

ここではサブ画面について解説します。サブ画面とは、P.57で解説したとおり、メニューバー、ツールバー、状態バー、エラーペインを指します。知っておくと便利な領域ばかりです。

① メニューバーについて

メニューバーとは、フローを作成・編集するうえで必要な各操作をまとめた領域です (P.57参照)。メニューバーでは各種操作に関するメニューやフロー名などが存在しています。

▶ 操作メニュー/フロー名

メニューバーの左側にあるメニューです。操作ごとにタブが分かれています。

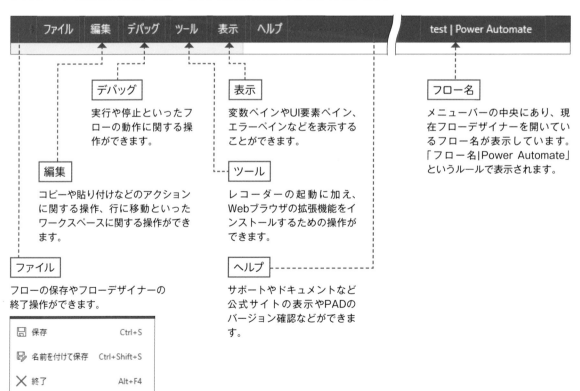

デバッグ
実行や停止といったフローの動作に関する操作ができます。

表示
変数ペインやUI要素ペイン、エラーペインなどを表示することができます。

フロー名
メニューバーの中央にあり、現在フローデザイナーを開いているフロー名が表示しています。「フロー名|Power Automate」というルールで表示されます。

編集
コピーや貼り付けなどのアクションに関する操作、行に移動といったワークスペースに関する操作ができます。

ツール
レコーダーの起動に加え、Webブラウザの拡張機能をインストールするための操作ができます。

ファイル
フローの保存やフローデザイナーの終了操作ができます。

💾 保存	Ctrl+S
📝 名前を付けて保存	Ctrl+Shift+S
✕ 終了	Alt+F4

ヘルプ
サポートやドキュメントなど公式サイトの表示やPADのバージョン確認などができます。

▶ 環境／ウィンドウメニュー

フローデザイナーのウインドウを「最小化」「最大化」したり、閉じたりできます。組織アカウントを使用している場合は、接続している環境も表示されます。

個人アカウントの場合	組織アカウントの場合

② ツールバーについて

ツールバーとは、メニューバー内から使用頻度の多い操作をまとめた領域です（P.57参照）。ツールバーの左側には、フローの実行や保存などフローを作成・編集する際に必要な機能が備わっています。アイコンしか表示されていない場合は、ウィンドウサイズを大きくすると文字が表示されます。

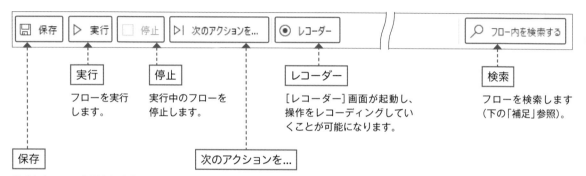

実行
フローを実行します。

停止
実行中のフローを停止します。

レコーダー
［レコーダー］画面が起動し、操作をレコーディングしていくことが可能になります。

検索
フローを検索します（下の「補足」参照）。

保存
作成したフローを保存します。

次のアクションを...
アクションごとに実行・停止します。1つのアクション（最初のアクション）を実行したら停止するので、アクションごとの確認に最適です。次のアクションを実行する場合は、再度クリックします。

✏️ 補足　検索ボックスを活用する

ツールバーの右側には「フロー内を検索する」という検索ボックスが存在しています。検索したいキーワードを入力することで、ワークスペース内からフローを検索することができます。検索結果はメニューバーの上部に「結果ペイン」という形で表示されます。

「検索単語」「ヒット件数」が表示されます。

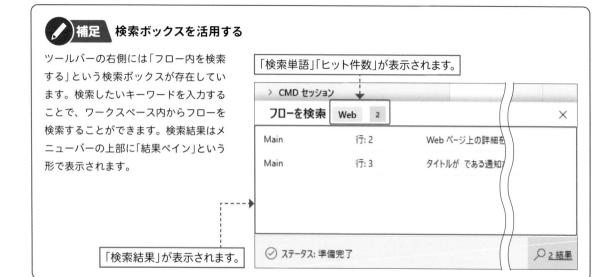

「検索結果」が表示されます。

③ 状態バーについて

状態バーとは、ステータスなどフローの状態を示すための領域です（P.57参照）。現在開いているフローに対してのステータスやアクションの数などが表示されています。代表的なステータスは以下のとおりです。

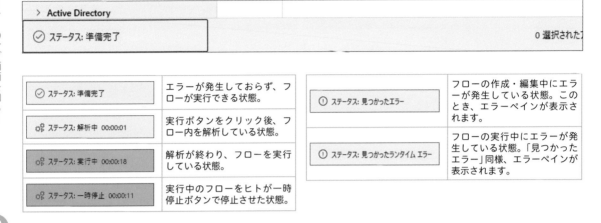

⊘ ステータス: 準備完了	エラーが発生しておらず、フローが実行できる状態。		① ステータス: 見つかったエラー	フローの作成・編集中にエラーが発生している状態。このとき、エラーペインが表示されます。
⚙ ステータス: 解析中 00:00:01	実行ボタンをクリック後、フロー内を解析している状態。		① ステータス: 見つかったランタイム エラー	フローの実行中にエラーが発生している状態。「見つかったエラー」同様、エラーペインが表示されます。
⚙ ステータス: 実行中 00:00:18	解析が終わり、フローを実行している状態。			
⚙ ステータス: 一時停止 00:00:11	実行中のフローをヒトが一時停止ボタンで停止させた状態。			

▶ 実行遅延を設定する

ステータスでは「実行遅延」を設定することができます。実行遅延とは、［フローデザイナー］画面でフローを実行した場合に、各アクションの実行間隔を表すものです。標準設定では100ミリ秒（0.1秒）になっており、1ミリ秒（0.001秒）から10000ミリ秒（10秒）まで設定できます。設定方法は↕をクリックします。

④ エラーペインについて

エラーペインとは、エラー箇所などを示すための領域です。フロー内でエラーが発生している場合にのみ表示されます（P.57参照）。エラーペインは、エラーが発生しているサブフローを示す「サブフロー」、エラーが発生しているアクションの行番号を示す「直線」、エラーの種別を示す「型」、エラーの内容を示す「説明」の4つで構成されています。

> エラーペイン内に表示されている項目をダブルクリックするか、または項目を選択したうえで右クリックし、［詳細の表示］をクリックすると、エラーの詳細を確認することができます。

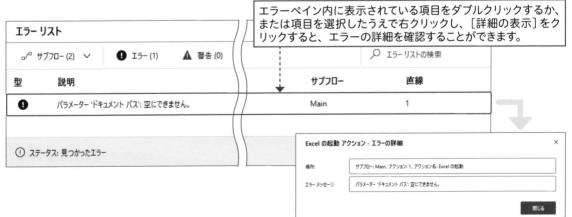

第 **4** 章

フロー作成のための基本を知ろう

Section

17 アクションを知ろう

ここで学ぶこと

・アクション
・入力パラメーター
・生成された変数

PADでは、ExcelやWebブラウザなどさまざまなソフトウェアを操作するために、「アクション」と呼ばれるパーツを使用します。ここでは、そのアクションを設定するポイントについて解説します。

① アクションを設定する

解説

アクションとは

PADでは、アクションを組み合わせることでフローを作成・編集していきます。アクションはすべてアクションペイン（P.58参照）にあり、用途に応じてアクションをワークスペースへ追加します。

補足

表示されるダイアログボックスについて

表示されるダイアログボックスは、アクションによって異なります。通常、［既定値］や［生成された変数］といった項目がある場合には初期の値が入っており、そのほかの設定項目は入力・選択が必要になります。各項目を設定したのち、ダイアログボックスの右下にある［保存］をクリックすると、ワークスペースへアクションを配置できます。［保存］をクリックする前に、右下の［キャンセル］や右上の ✕ をクリックした場合は、ワークスペースへの配置は行われません。

1 P.58を参考に、使用したいアクションをダブルクリック、もしくはワークスペースへドラッグします。

2 設定用のダイアログボックスが表示されます。

❶アクション名・概要	現在設定中のアクション名およびアクションの処理概要が記載されています。［詳細］をクリックすると、マイクロソフトの公式サイトの該当項目のページへアクセスできます。
❷入力パラメーター	アクションを設定するにあたり、必要な情報を入力できるフォームです。
❸生成された変数	アクションの結果を格納する変数です。初期値として自動生成された変数名が記載されています。

② 入力パラメーターの詳細

入力パラメーターとはアクションが正常に動作するために必要な情報を入力するためのフォームです。フォームは「テキストフィールド」「ドロップダウンリスト」「チェックボックス」のいずれかの方法で設定できます。また、入力パラメーターの右側にある ⓘ にマウスカーソルを合わせると、設定内容に関するヒントが表示されます。

▶ テキストフィールド

テキストフィールドには数字や日本語のほか、変数などを入力することができます。変数を使用する場合は、変数名を入力する以外に、フィールドの右側にある {x} をクリックして変数選択メニューを開き、フロー内で使用されている変数を確認しながら選択することができます（P.77参照）。

なお、フィールド内にはさまざまなデータ型（P.78参照）を入力・設定することができますが、アクションの設定として間違ったデータ型の値・変数を入力した場合、アクションはエラーとなります。

▶ ドロップダウンリスト

ドロップダウンリストは、アクションの設定時にメニューから1つ選択できます。メニュー項目は必ずそのアクションに該当するもののみ表示されるため、テキストフィールドと異なりエラーになりづらいという特徴があります。

▶ トグルボタン

トグルボタンは、アクションの使用をオン／オフして決めることができる設定項目です。背景が青色になっている場合がオン、白色になっている場合がオフを指します。

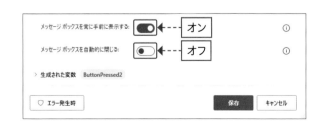

18 UI要素を知ろう

ここで学ぶこと

・UI要素
・UI
・ログインページ

UI要素の概要はP.64で説明しました。UI要素の構成を理解することでフローの作成・編集がスムーズにできるようになります。イメージしやすくするためWebページを軸にUI要素を解説します。

---

1 UI要素の構成

💬 解説

UI要素とは

「UI」とはユーザーインターフェイス(User Interface)の略で、ユーザー(使用者・利用者)とコンピューターが情報のやり取りを行うための仕組みのことを指します。一般のコンピューター操作は、すべてこの「UI」の仕組みによって成り立っています。その中でも「画面上の○○をクリックする」「○○に文字を入力する」といった画面上に表示されているアイコンや画像などを軸に操作する仕組みを「グラフィカルユーザーインターフェイス」(Graphical User Interface)といい、「GUI」と呼びます。PADでは、WebブラウザやWindowsアプリケーションを操作対象とする場合、クリックや入力箇所などを基準として設定を行います。この基準のことを「UI要素」と呼びます。

「UI要素」とはウィンドウをはじめ、インプットボックス(入力欄)やチェックボックス、ボタンといった「UI」を構成するために画面上に表示・配置されている要素のことを指します。下図のようなログインページであれば、「ウィンドウ」「テキスト」「インプットボックス」「ボタン」があります。

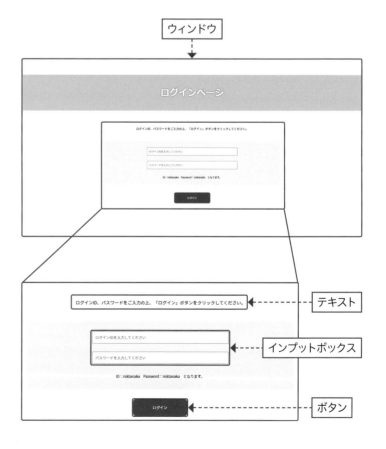

② UI要素の仕組みと動き

💬 解説

UI要素を認識する仕組み

UI要素はWebページやWindowsアプリケーションなど、特定のウィンドウに対して各要素が表示される形で構成されています。ヒトがログインページへログインする場合、各要素を目で確認しながら「これはログインページである。ログインIDやパスワードを入力する欄があるから、それぞれ入力してログインボタンをクリックしよう」といった、要素に合った操作を行っています。それに対して、PADはソフトウェアのため、ヒトと同じように目で確認するといったことはできません。右の手順を参考にPADの仕組みと動きを理解しましょう。

1 Microsoft Edgeで第7章のログインページ（https://www.nskint.co.jp/pad_training_site/login/）を開きます。

2 右上の … をクリックし、

3 ［その他のツール］をクリックして、

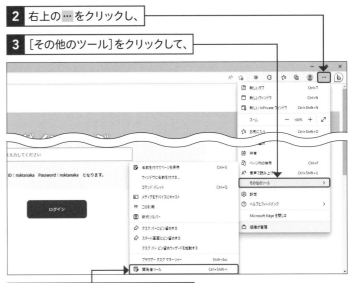

4 ［開発者ツール］をクリックします。

5 ［要素］をクリックすると、ソースコードが表示されます。

1つのウィンドウが左右に分かれており、左側にはログインページ、右側には「HTML」というWebページを構成しているソースコードが表示されます。

要素

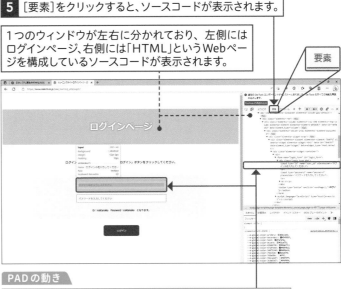

PADの動き

6 これはログインID入力欄だから所定のIDを入力しよう！

PADは、操作したいウィンドウにおいて、使用されているプログラミング言語（ソースコード）を解析することで、「UI要素」として認識し、操作できるようにします。「UI要素」の解析・認識はどのツール（ウィンドウ）に対しても必ずできるわけではないため、注意が必要です。

③ 新規にUI要素を取得する

🗨 解説

UI要素の設定

「UI要素」はアクショングループの中の[UIオートメーション]や[ブラウザー自動化]で主に使用します。これらのアクションには、入力パラメーターとして[UI要素]が設けられており、アクションを実行するためには操作対象の「UI要素」を設定する必要があります。UI要素を設定する方法として「新規でUI要素を取得する方法」「既存のUI要素を設定する方法」の2種類があります。ここでは「新規でUI要素を取得する方法」を例に、アクショングループの[ブラウザー自動化]を利用した解説を行っています。

🔍 重要用語

UI要素ピッカー

UI要素ピッカーとはUI要素を追加する際に表示されるウィンドウのことです。UI要素を追加した場合、UI要素ピッカー内に対象のUI要素が表示されるようになっており、[完了]をクリックすることで正式にPADへ追加されるようになっています。

1 P.73で表示したログインページをここでも表示しておきます。

2 新規に[フローデザイナー]画面を表示し、[ブラウザー自動化]の ＞ →[Webフォーム入力]の ＞ をクリックし、[Webページ内のテキストフィールドに入力する]をワークスペースにドラッグ＆ドロップします。

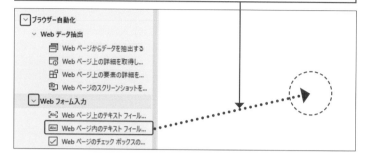

3 ダイアログボックスが表示されます。

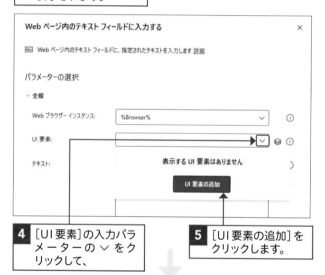

4 [UI要素]の入力パラメーターの ∨ をクリックして、

5 [UI要素の追加]をクリックします。

6 [UI要素ピッカー]が表示されます。

解説

「UI要素」の取得

[UI要素ピッカー]が表示された状態で
WebブラウザやWindowsアプリケーシ
ョンなど、画面上に表示されているアイ
コンやボタンにマウスカーソルを合わせ
た場合、PADが「UI要素」として認識で
きる部分が「赤枠＋プロセス属性」として
表示されます。右の手順で「UI要素」を
取得することができますが、必ず認識で
きるわけではなく、対象によっては「UI
要素」を取得できないこともあります。

 ヒント

入力パラメーターに
何も表示されない場合

手順⑩で入力パラメーターに何も表示さ
れていない場合は、正しく取得できてい
ない可能性が高いため取得をやり直して
ください。

補足

画面上での確認

取得した「UI要素」が画面上のどこにあ
たるのか確認する場合は、[UI要素]の入
カパラメーターにある ⊛ へマウスカー
ソルを合わせることで、取得時の画像が
表示されます。

7 ログインページのここにマウスカーソルを合わせると、
「赤枠＋プロセス属性」が表示されるので、

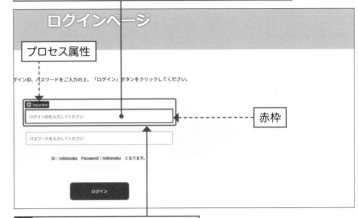

8 [Ctrl]を押しながらクリックします。

9 設定ダイアログボックスが
表示されます。

10 「UI要素」が[UI要素]の入
カパラメーターへ設定され
ていることが確認できます。

左の「補足」参照

11 [保存]をクリックします。

 **解説** 複数の「UI要素」の取得

複数の「UI要素」を連続して取得したい場合、[UI要素ペイン]内の[UI
要素の追加]をクリックすると、アクションから設定するときと同様、
[UI要素ピッカー]が表示されます。この取得方法では[UI要素ピッカ
ー]から画面が自動遷移することがないため、必要なUI要素をすべて
取得し終えた段階で、[UI要素ピッカー]内の[完了]をクリックしま
す。[完了]のクリックを忘れた場合、そのとき記録した内容はすべて
反映されません。注意してください。

変数を知ろう

ここで学ぶこと

・変数名
・データ型
・変数設定のルール

変数の理解と使いこなしは大変重要になります。Sec.14でも解説しましたが、ここではより踏み込んで、変数の設定方法、変数名のルールや種類（型）など、基本的な事柄について解説します。

① 変数の仕組み

解説

変数を利用する理由

変数を利用する理由は、フローの作成が便利になるからです。変数という箱にデータを入れておけば、「同じデータを何度でも繰り返し利用できる」ほか、「変数名を確認することでどんなフローなのか」が理解しやすくなります。また、変数の値を変えるだけで「フローの内容を変更する」といったことがかんたんに行えるようになります。

解説

変数の型とは

変数に入るデータの種類には、文字列や数値、日付などさまざまなものがあります。PADでは、これらを「データ型」として「テキスト値型」「数値型」など、細かくわけられており、データの内容に応じて自動的にデータ型が決められます。詳細は、P.78を参照してください。

アクションごとにあらかじめ変数が設定されており、アクションを登録した際に表示される設定ダイアログボックスの［生成された変数］で利用可能な変数が確認できます。たとえば、［現在の日時を取得］アクションには、現在の日時を取得する変数［CurrentDateTime］が生成され、フローを実行した時点での日時が格納されます。この変数を他のアクションで利用することで、現在日時を表示したり、日付の計算を行ったりすることが可能です。日時のようにデータの中身が実行するたびに変わっても、変数名を指定するだけでそのデータを利用できるのが変数の利点です。

なお、用意された変数以外に、［変数の設定］アクションを使って自分で変数を作ることもできます。

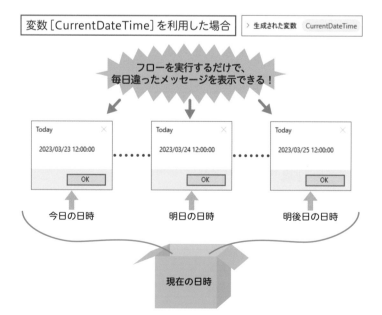

> 変数［CurrentDateTime］を利用した場合　　> 生成された変数　CurrentDateTime

フローを実行するだけで、
毎日違ったメッセージを表示できる！

| Today ×
2023/03/23 12:00:00
OK | Today ×
2023/03/24 12:00:00
OK | Today ×
2023/03/25 12:00:00
OK |

今日の日時　　　　　明日の日時　　　　　明後日の日時

現在の日時

解説

変数の利用方法

変数の利用方法は大きく2つあります。ここでは、P.76のような表示を行うフローを例に利用方法を解説しています。アクションの登録やその後の保存などについては割愛しています。実際の画面操作で右の手順を確認したい場合は、以下の手順でアクションを登録して、設定画面を表示してください。

A アクションペインから［日時］→［現在の日時を取得］を選択し、ワークスペースへドラッグ＆ドロップします。表示される設定ダイアログボックスではそのまま［保存］をクリックします。

B 続けてアクションペインから［メッセージボックス］→［メッセージを表示］を選択し、ワークスペースへドラッグ＆ドロップします。

C ［メッセージを表示］ダイアログボックスが表示されるので、［メッセージボックスのタイトル］の右枠に「Today」と入力します。

解説

設定の保存

右の設定画面では、下部に［保存］ボタンがありますが、設定後は必ずこの［保存］をクリックしてください。クリックしない場合、設定は反映されません。

P.76で示したような日ごとに変わるメッセージを、変数を利用して表示する方法は、以下の2つがあります。

▶ 直接入力する

1 ［表示するメッセージ］の右枠に「%CurrentDateTime%」と入力します。

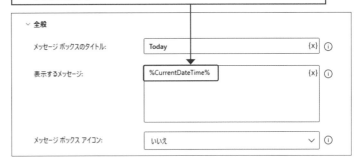

▶ 変数の選択画面から設定する({x} がある場合)

1 ［表示するメッセージ］の {x} をクリックすると、

2 変数の選択画面（利用可能な変数）が表示されるので、使用したい変数名をクリックし（ここでは［CurrentDateTime］）、

3 ［選択］をクリックすると、直接入力の手順**1**と同じように［表示するメッセージ］の右枠に「%CurrentDateTime%」が表示されます。

③ 変数の型とは

PADでは、アクションの入力パラメーターによっては使用できる「データ型」が決まっているものがあります。また、変数どうしの演算を行う場合、同じデータ型でなければ行うことができません。このように、フローを作成・編集するうえで「データ型」の確認は必須事項になります。データ型は扱うデータに合わせてさまざまな種類があります。すべて覚える必要はありませんが、フローを作成・編集するうえで触れる機会が多いデータ型を本書では紹介しています。もし、使用できるデータ型の種類が気になる方は、マイクロソフトの公式ドキュメントを参考にしてください（https://learn.microsoft.com/ja-jp/power-automate/desktop-flows/variable-data-types）。
以下に主なデータ型を解説します。

型名	内容
テキスト値型	テキスト値型は日本語や英語、数字や記号といったあらゆる種類のテキスト（文字列）を扱うことのできるデータ型です。
数値型	数値型は数字（整数・少数や正・負問わず）を扱うことのできるデータ型です。PADでは数値型のみ四則演算が可能です。また、アクションの設定において、数字を指定する箇所で変数を使用する場合は数値型である必要があります。
Datetime型	Datetime型は「2023/01/24 15:28:34」といった日付と時刻を扱うことのできるデータ型です。変数値ビューアーで確認すると表示形式がアメリカ式になっているので注意が必要です。
ブール値型	ブール値は条件に対して、満たす場合は「True」、満たさない場合は「False」を格納する変数です。
リスト型	リスト型は複数の値を1つの列状の変数として扱うことのできるデータ型です。プログラミング用語では1次元配列にあたります。リスト型の変数は「リストテキスト値」のように「リスト」から始まる名前で表記されています。また、リスト型の特徴として、リスト内のデータを一括で扱うだけではなく、「%変数名[行番号]%」と指定することでリスト項目ごとに代入・参照することができます。行番号はリストの上から順番に0,1,2…と数えます。たとえばここでのケースでは、「%List[0]%」を指定することで「A」を参照することができます。
データテーブル型	データテーブル型は複数の値を表形式の1つの変数として扱うことのできるデータ型です。プログラミング用語では2次元配列にあたります。リスト型と同様に、データテーブル型の特徴として、データテーブル内のデータを一括で扱うだけではなく、「%変数名[行番号][列番号]%」と指定することで表内の項目ごとに代入・参照することができます。行番号は上から順番に、列番号は左から順番に0,1,2…と数えます。たとえばここでのケースでは、「%DataTable[0][2]%」を指定することで「7」を参照することができます。なお、PADでは、変数が1列に並んでいるものをリスト型、2列以上並んでいるものをデータテーブル型として識別します。
インスタンス型	インスタンス型はPADが操作対象を識別するための変数が格納されているデータ型です。インスタンス型には以下の4種類があります。 **Webブラウザーインスタンス／Excelインスタンス／ウィンドウインスタンス／Outlookインスタンス** インスタンスの考え方はUI要素と非常によく似ています。たとえばヒトが業務を行うとき、パソコン上では複数のExcelやWebブラウザが立ち上がっていることでしょう。その中でヒトは目で確認しながら操作対象を選んでいます。しかし、PADはヒトと同じような方法で操作対象を判断することができず、曖昧な設定では操作を行うことができません。そこで、操作対象を明確にするためのデータ型が「インスタンス型」になります。PADで操作したい対象のインスタンスを取得し、そのインスタンスをもとにアクションを設定することで、ヒトが行っていることを再現することができます。

補足 **変数の型の確認方法**

PADではフロー実行後に変数を確認することができます。フローを実行したのち、変数ペイン内の変数名をダブルクリックすると変数値ビューアーが表示され、「変数名（変数の型）」の形式で記載されています。

④ 変数設定のルール

変数名のルールには、主に以下のルールがあります。

変数名のルール	内容	備考
使用可能な文字	半角英数字とアンダースコア（「＿」）のみ	多くの変数を扱うことになるので、変数名は「わかりやすい名称」を付けてください。
表記	「%変数名%」と表記し、必ず%で名称を囲む	例：「%MailAddress%」であればOK。「%メールアドレス%」や「Mail-Address」など表記はエラーとなります。

 補足 **変数の取り扱いルールについて**

PADでは変数を扱ううえで一部ルールが存在します。その中でもよく使用するものを紹介します。

●**空白の設定**

［変数の設定］アクションなどで、値の入力パラメーターを空白にした場合、PADではエラーになってしまいます。そのため、空白を使用する場合は「%''%」（''はシングルクォーテーションが続けて2つ）と入力する必要があります。

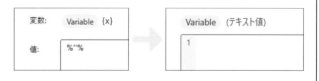

●**基本的な計算**

PADでは計算する場合に「%計算式%」と入力します。たとえば、「1+2」と計算する場合は「%1+2%」と設定します。

このルールは変数に対しても適用されます。変数をアクションに設定する際は「%変数名%」と入力しますが、変数を計算式で使用する場合は「%変数名+1%」といった形で入力します。なお、計算できる変数は数値型のみです。

 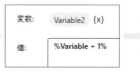

条件分岐とループを理解しよう

ここで学ぶこと

・条件分岐
・ループ
・演算子

ここでは、条件分岐とループについて解説します。それぞれいくつか種類があり、使用用途によって使い分けていきます。ここではよく使うものに絞り、解説していきます。

① 条件分岐の考え方と種類

▶ 条件分岐とは

条件分岐とはプログラムの命令文の1つです。身近な例として、日替わり定食（ランチ）があります。下記のように曜日ごとに定食が決まっているお店の場合、2023年6月6日はどの定食になるでしょうか？　この日は火曜日にあたるため、B定食を食べられます。このように、ある一定のルールをもとに判断して処理を行いたい場合に条件分岐を使用します。業務では「この会社の場合は○○を行う」「ファイルが存在すれば○○を行う」といった作業や場面が当てはまります。

 月曜日 A定食
 火曜日 B定食
 水曜日 C定食
 木曜日 D定食
 金曜日 E定食

2023年6月6日は火曜日
よって今日はB定食！

▶ 種類

PADでは、アクションペイン内の［条件］グループを使用することで、条件分岐を行うフローを作成することができます。6つのアクションは大きく2つの条件分岐に分けることができます。

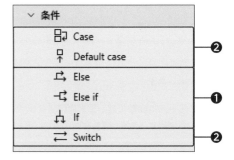

条件分岐	内容
❶ if文	［If］［Else if］［Else］の3つのアクションを使用した分岐をプログラミング用語ではif文と呼びます。
❷ switch文	［Switch］［Case］［Default case］の3つのアクションを使用した分岐をプログラミング用語ではswitch文と呼びます。

② 条件分岐：if文

▶ [If] アクション

[If] アクションはif文の基準となるアクションであり、使用することで「条件に当てはまる場合、○○の処理をする」という流れを作成することができます。右図の場合、「%Variable%Ⓐは100Ⓒと等しいⒷですか？」という比較をしており、この条件に当てはまる場合に特定の処理を行う流れ形になります。

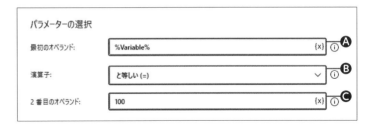

これをフローチャートで表すと、下図のようになります。if文の原型はこの形になるので、覚えておきましょう。

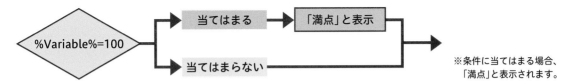

※条件に当てはまる場合、「満点」と表示されます。

▶ [Else] アクション

[Else] アクションは、「条件に当てはまらない場合○○の処理をする」という流れを作成するためのアクションです（入力パラメーターはありません）。そのため、[If] アクションで設定した条件外のときに、なにか処理を行いたい場合に使用します。これをフローチャートで表すと、下図のようになります。プログラミング用語ではこのような形のことをif else文と呼びます。

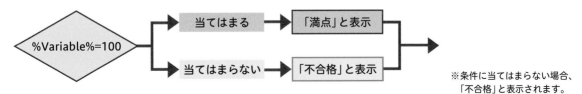

※条件に当てはまらない場合、「不合格」と表示されます。

▶ [Else if] アクション

[Else if] アクションは、「条件Aに当てはまらなかったが、条件Bに当てはまる場合○○の処理をする」という流れを作成するためのアクションです。条件を設定するアクションになるため、設定方法は [If] アクションと同じように設定します。これをフローチャートで表すと、下図のようになります。

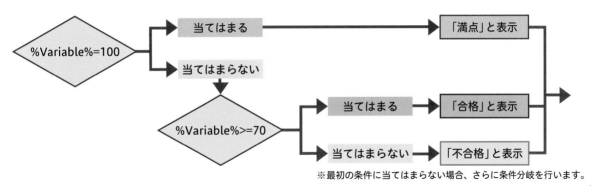

※最初の条件に当てはまらない場合、さらに条件分岐を行います。

③ 条件分岐：switch文

switch文とは特定の変数に応じた条件の処理を行いたいときに使用する条件分岐です。PADでは、switch文での条件分岐を作成したい場合、まずはアクションペイン内の[条件]グループから[Switch]アクションおよび[Case]アクションを使用して設定します。なお、if文とswitch文の使い分けとしては、「複数の変数を基準にしながら条件分岐を作成したい場合はif文」、「1つの変数を基準にしながら多くの条件に対応したい場合はswitch文」としてフローを作成すると管理しやすいです。

▶ [Switch]アクション

[Switch]アクションはswitch文の基準となるアクションであり、条件となる変数を設定します。[If]アクションでは「最初のオペランド」「演算子」「2番目のオペランド」という入力パラメーターがありましたが、そのうち「最初のオペランド」に該当するものが[Switch]アクションです。なお、[Switch]アクションだけでは条件分岐を行うことができないため、必ず[Case]アクションが必要になります。

▶ [Case]アクション

[Case]アクションはswitch文を成り立たせるために重要なアクションであり、[Switch]アクションで設定した変数に対して「どの値をどんな条件で比較するか」を設定します。[If]アクションでは「演算子」「2番目のオペランド」に該当する入力パラメーターを[Case]アクションで設定します。なお、[Case]アクションだけでは条件分岐を行うことができないため、必ず[Switch]アクションが必要になります。

▶ [Default case]アクション

[Default case]アクションは[Else]アクションに相当するものであり、[Switch]アクションと[Case]アクションでの条件以外を設定したい場合に、こちらの処理を行います。そのため、[Else]アクションと同様に入力パラメーターはありません。なお、[Case]アクションを設定せず、[Default case]アクションのみ設定した場合は、条件分岐を行わずに一意の処理を必ず行う形になります。

🔍 **重要用語** **オペランド**

オペランドとは、コンピュータが演算に使用するための変数や値のことを指します。たとえば「3+2」という計算式では、「3」と「2」というオペランドを「+」という演算子を使って計算するイメージになります。PADでは演算子を中心として見たときに、演算子の前（上）にあるものを最初のオペランド、後（下）にあるものを2番目のオペランドと呼びます。また、演算子ではないといった意味として日本語では「被演算子」と呼ばれることもあります。

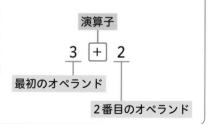

演算子

$3 \boxed{+} 2$

最初のオペランド

2番目のオペランド

④ 演算子

if文で使用する[If]アクションおよび[Else if]アクションや、switch文で使用する[Case]アクションでは、条件の比較方法決めるために「演算子」を設定します。演算子はPAD内に標準で決められており、ドロップダウンリストから選択します。以下に、PADで使用できる演算子のごく一部を以下に紹介します。

No.	演算子	概要
1	と等しい（＝）	最初のオペランドは2番目のオペランドと等しい。
2	と等しくない（<>）	最初のオペランドは2番目のオペランドと等しくない。
3	より大きい（>）	最初のオペランドは2番目のオペランドより大きい。
4	以上である（>=）	最初のオペランドは2番目のオペランド以上である。

⑤ ループの考え方と種類

▶ ループとは

ループとは、条件分岐と同様にプログラムの命令文の1つで、繰り返し処理とも呼ばれます。業務では「特定フォーマットの書類へ何回も転記する」「同じようなデータを繰り返し集計する」といった作業が当てはまります。
このような作業は量が多くなるにつれて入力ミスが多くなるほか、集中力が途切れてしまい業務が煩雑になってしまうといった、人為的なミスにつながってしまいます。そこをPADに任せてしまうことで、ミスなく効率的に大量のデータを処理できると同時に、ミスを恐れる潜在的なストレスからも開放されることができます。ループには種類がありますが、どのループ方法も基本的に下図と同じ処理の流れになります。

▶ ループの種類

PADでは、アクションペイン内の[ループ]グループを使用することで、ループを行うフローを作成できます。5つのアクションの中に3つのループ方法があります。

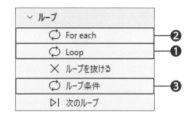

ループ	内容
❶ [Loop]アクション	開始と終了の値を設定し、それに応じた繰り返し回数によってループするアクションです。
❷ [For each]アクション	リスト型の変数などを基準として、リスト内のデータの個数を繰り返し回数に設定してループするアクションです。プログラミング用語ではforeach文と呼ばれるものになります。
❸ [ループ条件]アクション	[Loop]アクションや[For each]アクションとは異なり、回数ではなく「ある特定の条件を満たす場合」にループするアクションです。プログラミング用語ではwhile文に近いものになります。

⑥ ループ：[Loop] アクション

[Loop] アクションは、開始値を基準として固定値ずつ増やしながら終了値まで繰り返すアクションです。設定により繰り返す回数が変わるため、現在の値が「生成された変数」として格納されるようになっています。右図の場合、「%LoopIndex% **D** の開始値を1 **A** として、1ずつ **C** 増やしながら10まで **B** 繰り返す」と読み解くことができます。

⑦ ループ：[For each] アクション

[For each] アクションは設定した変数の値を基準として、その変数内に格納されているデータの個数を繰り返し回数として設定するアクションです。右図の場合、「%List% **A** のデータの個数に合わせて繰り返す。そのときの値を %CurrentItem% **B** として格納する」となります。

⑧ ループ：[ループ条件] アクション

[ループ条件] アクションは回数ではなく「ある特定の条件を満たす場合」という設定をもとにループするアクションです。そのため、[If] アクションとまったく同じ入力パラメーターになっています。右図の場合、「%Variable% **A** と100 **C** は等しい **B** 場合、繰り返す」と読み解くことができます。なお、設定可能な演算子の種類は [と等しい (=)] [と等しくない (<>)] [より大きい (>)] [以上である (>=)] [より小さい (<)] [以下である (<=)] の6つです。

第 **5** 章

Excelへの転記を
自動化しよう

Section

21 作成するフローを
確認しよう

ここで学ぶこと

・CSVデータの転記
・作成フロー
・繰り返し/分岐処理

本章では、練習用ファイル[県庁所在地一覧.csv]を利用して、このCSVデータを
Excelへ転記、さらに地方を選択できるダイアログを表示して、東北地方や関東地
方など、選択した地方のみをExcelへ転記するフローを作成します。

① 本章で作成するフロー

本章では、県庁所在地がまとめられたCSVデータをExcelに転記するフローを作成します。最終的には選択した
地方のみ出力されるExcelファイルを作るため、一連の内容をマスターすることで、たとえば商品リストをカテゴ
リー別に分類して出力するなど、用途に合わせたフローも作成できるようになります。

❶[県庁所在地一覧.csv]からデータを取得

❷地方選択ダイアログから出力したい地方を選択

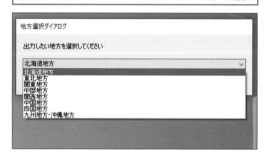

❸選択した地方に該当するデータを[県庁所在地
一覧_ひな型.xlsx]へ転記

選択した地方のデータが2行目以降に転記される

❹転記後のデータを[県庁所在地一覧_結果.xlsx]
として保存

なお、本章ではSectionをまたいだ状態で連続した手順として解説しています。そのため、アクショングループが展
開されている場合は、そのことを前提で解説しています。

86

② フローの作成順序

▶ STEP1 県庁所在地データ1件の処理設定

Sec.22～25では、CSVのデータを読み取り、県庁所在地データ1件をExcelに転記して別名保存する処理を設定します。このSTEPが完了すると、県庁所在地データ1件を転記することが可能になります。

▶ STEP2 地方区分リスト、選択ダイアログの設定

Sec.26～27では、地方区分データのリスト化および重複削除、転記する地方の選択ダイアログを表示する処理を設定します。このSTEPが完了すると、転記する地方名を選択し、県庁所在地データ1件を転記することが可能になります。この時点までのフローは下記のとおりです。

▶ STEP3 繰り返し、転記分岐処理の設定

Sec.28～31では、県庁所在地データの1行ずつ繰り返し、県庁所在地データの地方名と選択した地方名との一致確認、一致した場合のみExcelに転記および転記する行の変更処理を設定します。このSTEPが完了すると、選択した地方名の県庁所在地データのみを繰り返し転記することが可能になります。

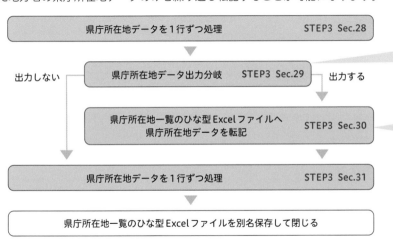

Section

22 | CSVファイルを読み取ろう

ここで学ぶこと

・CSVファイル
・エンコード
・区切り文字

ここでは、新しいフローを作成してCSVファイルの内容を取得できるようアクションの設定を行います。本章では、ここで作成したフローをもとに最後まで進めていきます。

① 新規フローを作成する

💬 解説

CSVファイルの読み取り

まずは、CSVファイルを読み取るフローを作成します。読み取り時に区切り文字や列名の有無なども設定することができるため、さまざまな形式のCSVファイルに対応しています。

⌨ ショートカットキー

操作を間違えた場合

ここからは、章全体に渡ってアクションを設定していきます。もし操作を間違えた場合は、以下のショートカットキーで操作を取り消して元に戻すことができます。

●元に戻す
Ctrl + Z

1 [フローコンソール]画面で[新しいフロー]をクリックします。

2 フロー名を入力します(ここでは「県庁所在地まとめ」)。

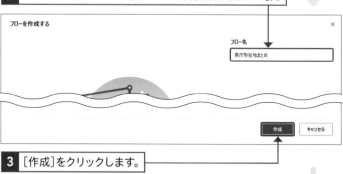

3 [作成]をクリックします。

4 新規フローが作成されると同時に、

5 [フローデザイナー]画面が立ち上がります。

② CSVファイルの読み取り設定（アクションの設定）を行う

💬 解説

アクションの項目箇所

アクションメニューでは、操作対象に応じて項目が分かれています。ここではCSVファイルを操作するので［ファイル］をクリックしましたが、Excelを操作する場合は［Excel］、Webブラウザを操作する場合は［ブラウザーの自動化］から使用するアクションを選択してください。

✏️ 補足

フォルダー選択とファイル選択の違い

ファイルの選択では手順**4**の画面が表示されますが、フォルダー選択を行う場合は下記画面が表示されます。フォルダーを選択する場合は各種ファイル（ExcelやCSVファイルなど）が表示されず、フォルダーの名称のみ表示されます。

1 ［フローデザイナー］画面で［ファイル］の ＞ をクリックし、

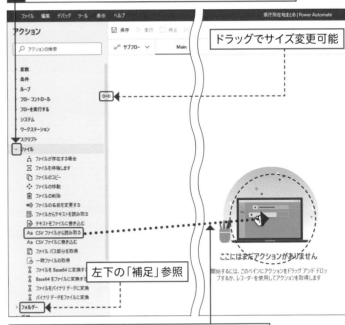

2 ［CSVファイルから読み取る］をワークスペースにドラッグ＆ドロップします。

3 ［CSVファイルから読み取る］画面が表示されるので、📄 をクリックします。

4 ［ファイルの選択］画面が表示されます。

5 ［デスクトップ］をダブルクリックします。

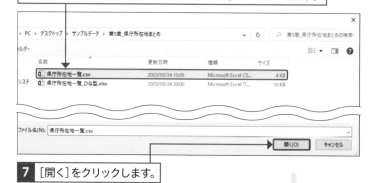

6 [サンプルデータ]→[第5章_県庁所在地まとめ]の順に
ダブルクリックし、[県庁所在地一覧.csv]をクリックします。

7 [開く]をクリックします。

重要用語

エンコード(文字コード)

システム上では、文字を表示する場合の設定を文字コードと呼びます。この文字コードが異なってしまうと、うまく処理できずに文字化けが発生してしまいます。PADでは読み取り時の形式をエンコードとして設定できるため、ここでは「システムの既定値」としてパソコンに合った文字コードとして読み取れるように設定します。

8 [エンコード]の ∨ をクリックし、

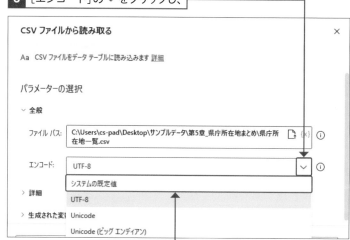

9 [システムの規定値]をクリックします。

解説

[最初の行に列名が含まれています]について

CSVファイルの中には、1行目から各項目が記載されているものと、列名が記載されているものの2種類が存在します。ここで使用するCSVファイルは1行目に列名が記載されているので、本書ではオンにしています。

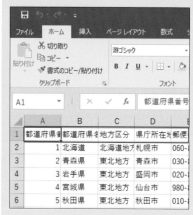

10 [詳細]の左にある > をクリックし、

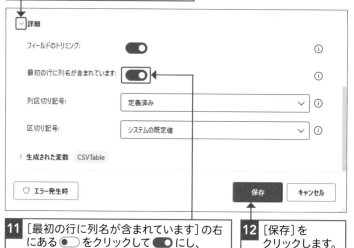

11 [最初の行に列名が含まれています]の右にある ● をクリックして ● にし、

12 [保存]をクリックします。

③ CSVファイルを読み取る

CSVファイルを読み取る

 注意

フローの保存と実行確認

本書では、各Sectionごとのフローの作成後に保存と実行確認を行います。確認せずに進めてしまうと、エラーになった際、どこで間違えてしまったのかあとからではわからなくなってしまうので、忘れずに1つずつ動作を確認しましょう。

1 [保存]をクリックし、

2 [実行]をクリックします。

3 画面右の[CSVTable]をダブルクリックします。

ヒント

データが取得できない場合

手順**4**の結果が0行,0列になってしまう場合は、エラーもしくは別のCSVファイルを読み取っている可能性があります。P.90の設定を改めて確認して、再度実行してください。

4 変数内に都道府県が格納されていることを確認し、

5 [閉じる]をクリックします。

補足

取得したデータの見方

変数[CSVTable]はデータテーブル型という表形式でデータを取得しています。この場合は縦方向を行、横方向を列として確認してください。また、PADでは、一番左の列に列名「#」を作成し、データ番号を記載しています（P.78参照）。

Excelを開こう

・既存のファイルを開く
・Excelファイル
・インスタンス

PADでは、Excelファイルを開くための方法として「新規作成」と「既存のファイルを開く」の2パターンがあります。ここでは、「既存のファイルを開く」方法を解説します。

① 指定したExcelを開く設定を行う

💬 解説

アプリケーションの起動方法

PADではExcel専用のアクションが多数用意されており、[Excelの起動]アクションという起動用のアクションも存在しています。専用のアクションがないアプリケーションに対しては[アプリケーションの実行]アクションを使用して起動します。

5

Excelへの転記を自動化しよう

1 [Excel]の › をクリックし、

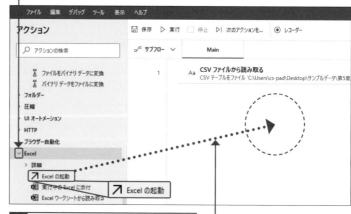

2 [Excelの起動]をアクション1の下にドラッグ&ドロップします。

3 [Excelの起動]画面が表示されるので、[Excelの起動]の右にある ∨ をクリックし、

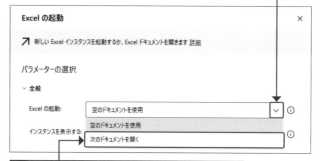

4 [次のドキュメントを開く]をクリックします。

補足

Excelの起動の種類

Excelを起動する方法は2種類あります。新規Excelファイルを使用する場合はP.92の手順4で[空のドキュメントを使用]アクションを選択します。既存のExcelファイルを使用する場合は[次のドキュメントを開く]アクションを選択します。

---

5 🗋 をクリックします。

6 [ファイルの選択]画面が表示されるので、

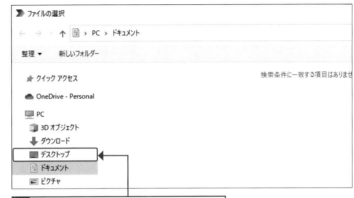

7 [デスクトップ]をダブルクリックします。

8 [サンプルデータ]→[第5章_県庁所在地まとめ]の順にダブルクリックします。

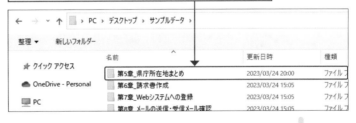

9 [県庁所在地一覧_ひな型.xlsx]をクリックし、

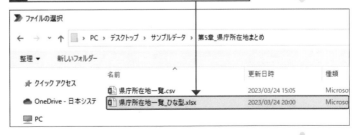

10 [開く]をクリックします。

重要用語

Excelインスタンス

Excelインスタンスとは第4章（P.78）でも説明しているインスタンス型の変数です。PADがどのExcelファイルを処理すればよいのか識別するための変数であり、[Excel]グループに属しているアクションはこのExcelインスタンスを設定することで実行することができます。

補足

[インスタンスを表示する]について

一般的にExcelを使用する場合は、画面上にExcelを表示して操作を行いますが、PADでは画面上に表示することなく操作が行えます。画面上に表示したくない場合は、手順**11**の画面で[インスタンスを表示する]のトグルボタンを ⬤ にすることで設定可能です。

11 [保存]をクリックします。

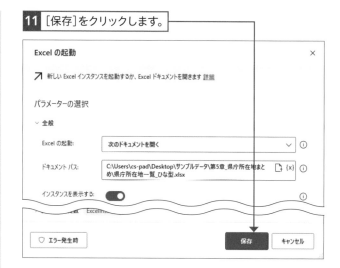

② 指定したExcelを開く

⚠ 注意

Excelを閉じることの重要性

RPAでは各アクションを設定するごとに実行確認することがあります。そのうえで、もしExcelを閉じずに再度実行してしまった場合、自動的に[読み取り専用]として開かれてしまい、想定とは異なる動きをしてしまいます。そのようなことが起こらぬよう、実行前にExcelが起動していた場合は必ず ✕ をクリックしてExcelを閉じてください。

1 [保存]をクリックし、

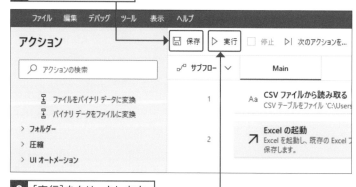

2 [実行]をクリックします。

3 実行後、Excelが開かれていることを確認します。

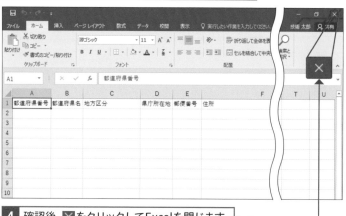

4 確認後、✕ をクリックしてExcelを閉じます。

✎ 補足 インスタンスを表示しない場合の操作の中止方法

P.94の手順⓫で、[インスタンスを表示する]のトグルボタンを ⬤◯ から ◯⬤ にした場合、Excelはバックグラウンドで開かれているため、✕をクリックしてExcelを閉じることができません。そのようなときは次の方法でExcelを閉じることができます。

1 Ctrl + Shift + Esc を押して、タスクマネージャーを起動します。

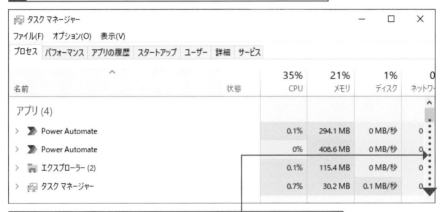

2 タスクマネージャーの[プロセス]タブの画面を下にスクロールし、

3 [バックグラウンドプロセス]にある[Microsoft Excel]を右クリックして、

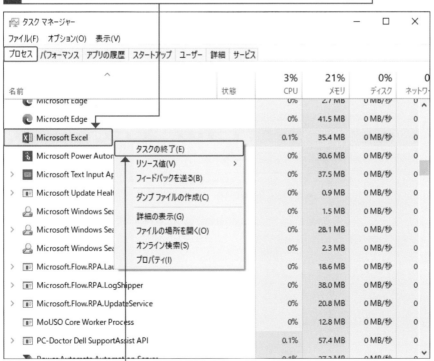

4 表示されるメニューから[タスクの終了]をクリックします。

Section 24

Excelファイルにデータを転記しよう

- 貼り付け
- Excelファイル
- 変数

Sec.22で取得したCSVファイルの内容を、Sec.23で開いたExcelファイルへ入力する方法を解説します。この方法を活用することで、CSVからExcelへの転記作業が自動化できるようになります。

① 指定したセルへの入力設定を行う

解説

{x}とは

データの転記を行うには、変数を利用します。PADでは、フロー内ですでに設定されている変数が存在する場合、{x}をクリックすることで変数名を選択することができます。この機能を使用することで、変数名の入力ミスなどを防ぐことができます。

補足

Excelの列を指定する方法

ExcelにはA列、B列といった[列名]と、1列目、2列目といった[列番号]の2種類があります。PADで操作したいExcelの列を指定する場合、[列名][列番号]のどちらも使用することが可能です。本書では親しみやすい[列名]で説明します。

1 [Excel]内の[Excelワークシートに書き込む]をアクション2の下にドラッグ＆ドロップします。

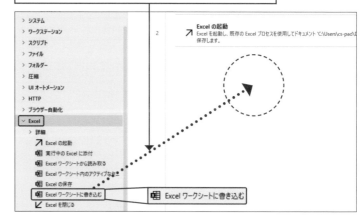

2 [書き込む値]の{x}をクリックします。

注意

数字の入力は半角で

アクションの設定時に数字を使用する場合は、基本的に半角数字を入力してください。仮に全角数字を入力した場合、テキストとして判断されてしまい、想定した動きにはなりません。たとえば[Excelワークシートに書き込む]アクションの列や行に全角数字を入力した場合、書き込みのセルを判断できずにエラーとなります。

解説

行に「2」を入力する理由

[県庁所在地一覧_ひな型.xlsx]の1行目に項目が記載されているので、手順**6**では「2」を入力しています。

	A	B	C
1	都道府県番号	都道府県名	地方区分
2			

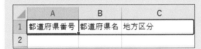

② 指定したセルへデータを入力する

解説

データの確認

ここでは、[県庁所在地一覧.csv]に記載されている内容をExcelのA2セルを基準に貼り付けました。データを確認する場合は、[県庁所在地一覧.csv]もしくは変数[CSVTable]の内容と比較してみてください。

3 フロー変数内の[CSVTable]をクリックし、　　**4** [選択]をクリックします。

5 [列]に「A」と入力し、

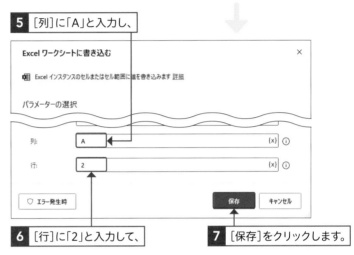

6 [行]に「2」と入力して、　　**7** [保存]をクリックします。

1 [保存]をクリックし、　　**2** [実行]をクリックします。

3 実行後[県庁所在地一覧_ひな型.xlsx]に各都道府県が記載されていることを確認します。

4 確認後、☒をクリックしてExcelを閉じます（Excelは保存しないので、表示される確認画面では[保存しない]をクリックします）。

Section

25

Excelファイルを保存して閉じよう

ここで学ぶこと

- Excelファイル
- インスタンス
- ドキュメントパス

ここでは Sec.23 で取得した CSV ファイルを Excel ファイルに転記した設定からさらに一歩進んで、その Excel に対して自動で閉じる際に任意の名前をつけて保存する設定方法を解説します。

① 指定したファイル名での Excel 保存設定を行う

💬 解説

Excelを閉じる方法について

手順**3**で Excel を閉じる方法は 3 種類あります。1 つ目は開いた Excel を保存せずに閉じる［ドキュメントを保存しない］、2 つ目は開いた Excel を上書き保存する［ドキュメントを保存］、3 つ目は開いた Excel を別名保存する［名前を付けてドキュメントを保存］です。それぞれ用途に合わせて使い分けることが重要です。具体的には、内容を編集していない Excel を閉じる用途では［ドキュメントを保存しない］、保存フォルダーやファイル名を変更せずに保存する用途では［ドキュメントを保存］、保存フォルダーやファイル名を変更して保存する用途では［名前を付けてドキュメントを保存］が挙げられます。

1 ［Excel］内の［Excelを閉じる］をアクション3の下にドラッグ＆ドロップします。

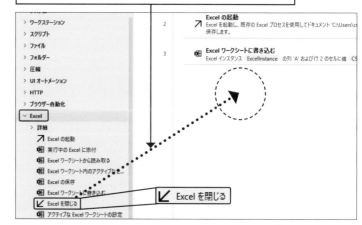

2 ［Excelを閉じる前］の ∨ をクリックし、

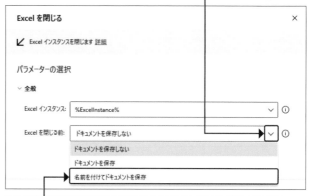

3 ［名前を付けてドキュメントを保存］をクリックします。

補足

ドキュメント形式について

Excelを閉じる設定として[名前を付けてドキュメントを保存]を選択した場合、所定の拡張子（.xlsx、.csvなど）を設定することができます。PDF形式での保存などはできませんが、Excelで保存できる拡張子はおおむね設定することができます。

注意

保存先フォルダーに関して

保存先フォルダーとして、ここではデスクトップの[サンプルデータ]フォルダーを指定しています。OneDrive上に保存するとデータが自動保存されてエラーの原因となるので、別の場所に保存する場合は必ずOneDriveと同期されていないフォルダーを指定してください。

4 下にスクロールし、

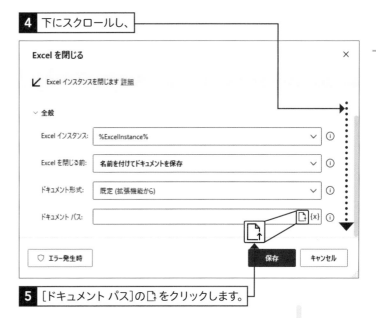

5 [ドキュメント パス]の📄をクリックします。

6 [ファイルの選択]画面が表示されるので、

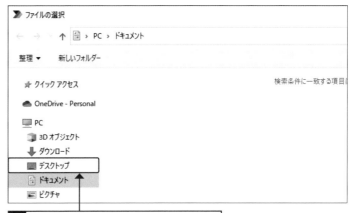

7 [デスクトップ]をダブルクリックします。

8 [サンプルデータ]をダブルクリックします。

補足

エラー発生時の対応について

アクションに設定したファイルパスが実際のファイルパスと異なっているとフロー実行時にエラーが発生してしまいます。エラーが発生してしまった場合はアクションの設定を確認し、正しいファイルパスになるよう再設定してください。

存在しないファイルパスを設定した状態でフローを実行するとエラーが発生する

❶ エラー (1) | 開くことができませんでした。

 補足

ドキュメントパスの直接設定

完全なファイルパスを直接入力することで、手順⑤から⑪までを省略することができます。まず、最初に対象ファイルを事前に作っておきます。その対象ファイルを Shift を押しながら右クリックし、[パスのコピー]をクリックします。手順⑫の画面で[ドキュメント パス]の欄に Ctrl + V でペーストします。ただし、ファイルパスの前後にダブルクォーテーションが含まれており、アクションの設定には不要なので削除する必要があります。

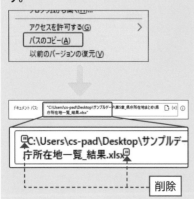

削除

9 [第5章_県庁所在地まとめ]をダブルクリックします。

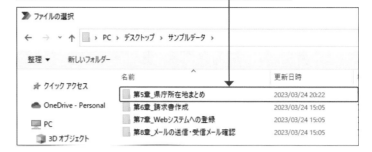

10 [ファイル名]に「県庁所在地一覧_結果.xlsx」と入力し、

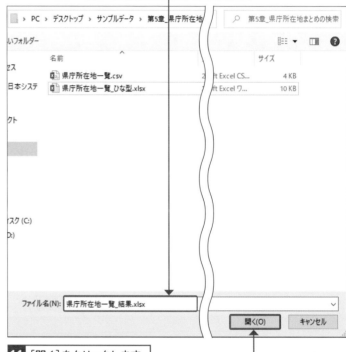

11 [開く]をクリックします。

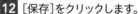

12 [保存]をクリックします。

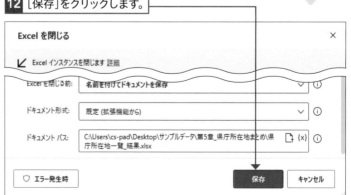

② 保存されたファイルを確認する

💬 解説

同名でのファイル保存

ここでは[県庁所在地一覧_結果.xlsx]という名称でExcelファイルを保存しています。以降の実行時にはすでにこのファイルが存在しているため、この状況でExcelを閉じる設定として[名前を付けてドキュメントを保存]を選択した場合、同名ファイルを上書き保存して閉じることになります。

1 [保存]をクリックし、

2 [実行]をクリックします。

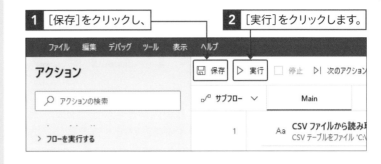

3 [県庁所在地一覧.csv]と同じフォルダー内に格納されている[県庁所在地一覧_結果.xlsx]をダブルクリックします。

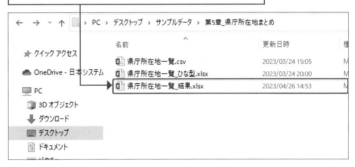

4 [県庁所在地一覧.csv]と同じ内容が記載されているか確認します。

✏ 補足

内容確認の方法

内容の確認は、⊞ + ←/→などでウィンドウサイズを半分に変更し、CSVファイルとExcelファイルを左右に並べることで確認がしやすくなります。

5 確認後、⊠をクリックしてExcelを閉じます。

Section 26

データを抜き出して リストを作ろう

ここで学ぶこと

・リスト
・CSVTable / ColumnAsList
・重複削除

CSVファイルの内容から特定の列のデータを抜き出すことで、リストと呼ばれる一覧を作成することができます。ここでは、Sec.22で取得した内容から、都道府県のデータのみを抜き出したリストを作成します。

① 取得したデータの一覧化設定を行う

🗨 解説

リストとは

手順**2**で[データテーブル列をリストに取得]アクションを設定していますが、ここでのリストとは、同じ型の値を複数入れることができる変数のことをいい、配列とも呼ばれます。出力する変数にリストを設定すれば入っているすべての値が出力されるほか、要素番号を指定すれば特定の値を出力することが可能です。ここでは変数[ColumnAsList]がリストとして設定されています。

✏ 補足

アクションの配置場所

アクションの配置は上から順番に行うだけではなく、必要な場所へドラッグ＆ドロップすることもできます。配置場所を間違ってしまった場合は、アクションをポイントすると表示される ⋮ をクリックして、表示される[上に移動][下に移動]を使用して変更することが可能です。

1 [変数]の › をクリックし、

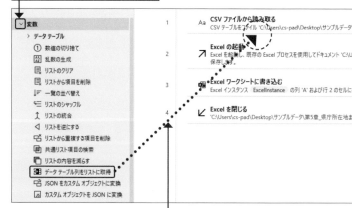

2 [データテーブル列をリストに取得]を
アクション1と2の間にドラッグ＆ドロップします。

3 [データテーブル]の {x} をクリックします。

補足

[列名またはインデックス] の設定

下記画像の赤枠部分の名称がデータテーブルの列名となるため、[列名]を指定する場合はこちらを入力します。また、[インデックス]を指定する場合はデータテーブルの一番左の列を0列目として数えた数字を入力します。

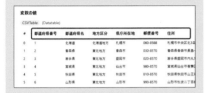

4 [CSVTable]をクリックし、　　**5** [選択]をクリックします。

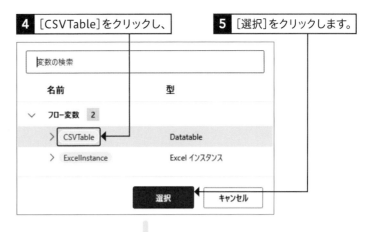

6 [列名またはインデックス]に「2」と入力し、

7 [保存]をクリックします。

② 取得したデータを一覧化する

1 [保存]をクリックし、

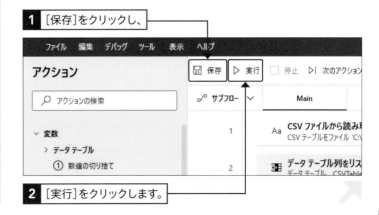

2 [実行]をクリックします。

💬 解説

変数[ColumnAsList]について

変数[ColumnAsList]はCSVファイルから取得した変数[CSVTable]から[インデックス]が「2」のデータを抜き出したデータをリストとして設定した変数です。一番左は0番目の列とすると2番目の列は地方区分のデータであるため、変数[ColumnAsList]には地方区分のデータが入ります。

変数の値

CSVTable (Datatable)

#	都道府県番号	都道府県名	地方区分	県庁所在地
0	1	北海道	北海道地方	札幌市
1	2	青森県	東北地方	青森市
2	3	岩手県	東北地方	盛岡市
3	4	宮城県	東北地方	仙台市
4	5	秋田県	東北地方	秋田市
5	6	山形県	東北地方	山形市
6	7	福島県	東北地方	福島市
7	8	茨城県	関東地方	水戸市
8	9	栃木県	関東地方	宇都宮市

💡 ヒント

[変数の値]画面のサイズ変更

[変数の値]画面は閉じるボタンの右下に ▨ があります。これをドラッグすると、画面サイズを変更することができます。

✏️ 補足

取得された地方名

地方名を確認すると、重複があることが確認できます。以降の手順で重複している地方名を削除する設定を行います。

3 [ColumnAsList]をダブルクリックします。

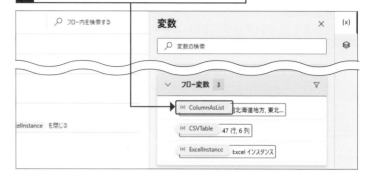

4 下までスクロールします。

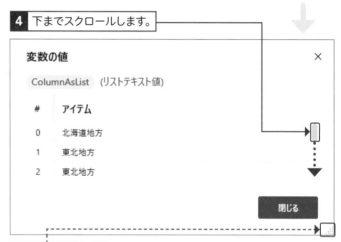

左の「ヒント」参照

5 [地方名]に北海道地方から九州地方・沖縄地方まで47個取得されていることを確認します。

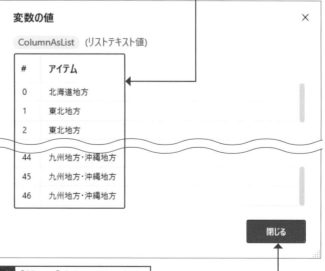

6 [閉じる]をクリックします。

解説

重複削除の設定

[リストから重複する項目を削除]では、リスト内の文字列が重複しているものを自動的に判別して削除されます。そのため、対象となるリストを設定するだけで重複削除が可能になります。

1 [変数]内の[リストから重複する項目を削除]をアクション2と3の間にドラッグ＆ドロップします。

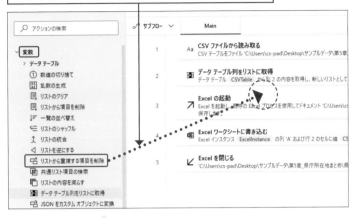

2 [重複する項目を削除するリスト]の{x}をクリックします。

リストから重複する項目を削除 ×

⊡ リスト内の重複する項目を削除し、リスト内の各項目を一意にします 詳細

パラメーターの選択

∨ 全般

重複する項目を削除するリスト:　　　　　　　　　　　　　　　{x} ⓘ

重複する項目の検索時にテキストの大文字と小文字を区別しない:　⬤━　　　　　　　ⓘ

3 [ColomnAsList]をクリックし、

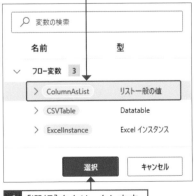

時短

変数名のコピー＆ペースト

変数名は{x}をクリックして選ぶ方法以外にも、直接入力して設定することも可能です。頻繁に使用する変数名や複数の変数を組み合わせる場合は「%変数名%」というかたちでアクション設定前にあらかじめコピーしておき、設定欄に貼り付けることで時短になります。

4 [選択]をクリックします。

5 Excelへの転記を自動化しよう

5 [保存]をクリックします。

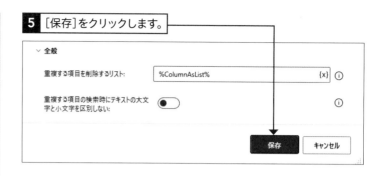

④ 一覧の内容を重複削除する

📝 補足

フローの保存について

PADではフローが自動保存されないので、こまめに保存することが大切です。 フローを保存する際は保存ボタンをクリックするだけでなく、Ctrlと S を同時に押すショートカットキーで保存する方法もあります。

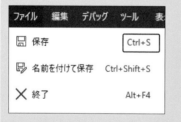

1 [保存]をクリックし、

2 [実行]をクリックします。

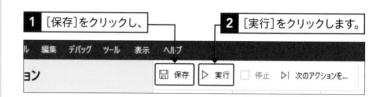

3 [ColumnAsList]をダブルクリックします。

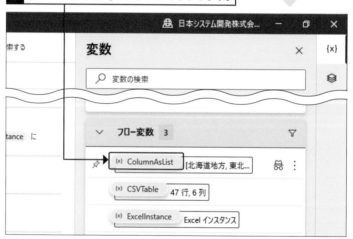

4 下へスクロールします。

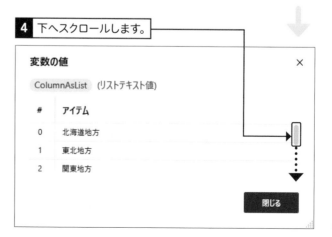

解説

地方名数について

ここでは、変数 [ColumnAsList] から重複している地方名を削除する設定を行いました。重複削除前から1つのみである北海道地方を含め地方名の数が1種類ずつのみになっていることを確認してください。

5 地方名に重複がないことを確認します。

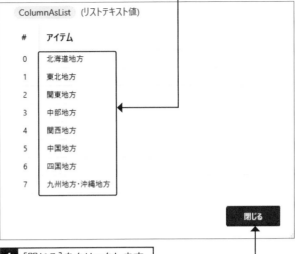

ColumnAsList （リストテキスト値）

#	アイテム
0	北海道地方
1	東北地方
2	関東地方
3	中部地方
4	関西地方
5	中国地方
6	四国地方
7	九州地方・沖縄地方

閉じる

6 [閉じる]をクリックします。

補足　大文字と小文字が混在する重複削除

英語などの大文字と小文字が混在する場合は、重複削除時に大文字と小文字を区別するかしないか設定することが可能です。かんたんにその手順を解説します。

変数の値

List （リストテキスト値）

#	アイテム
0	APPLE
1	apple
2	ORANGE
3	ORANGE

1 大文字と小文字が混在したリストを用意します。

2 大文字と小文字を区別して重複削除を行う場合は、[リストから重複する項目を削除] アクションで [重複する項目を削除するリスト] にリスト変数を設定し、[重複する項目の検索時にテキストの大文字と小文字を区別しない] を ●◯ にします。

リストから重複する項目を削除

◻ リスト内の重複する項目を削除し、リスト内の各項目を一意にします 詳細

パラメーターの選択

∨ 全般

重複する項目を削除するリスト:　%List%

重複する項目の検索時にテキストの大文字と小文字を区別しない:　●◯

3 [リストから重複する項目を削除] アクションを実行すると大文字と小文字を区別して重複削除が行われます。

変数の値　✕

List （リストテキスト値）

#	アイテム
0	APPLE
1	apple
2	ORANGE

大文字と小文字を区別しない重複排除を行う場合は手順**2**で、[重複する項目の検索時にテキストの大文字と小文字を区別しない] を ◯● にします。

変数の値　✕

List （リストテキスト値）

#	アイテム
0	APPLE
1	ORANGE

Section 27 選択ダイアログを表示しよう

ここで学ぶこと

・選択ダイアログ
・リスト
・メッセージボックス

PADではすべて自動化するだけではなく、実行の途中でヒトが入力や選択を行うことができます。ここでは、選択ダイアログと呼ばれる、ヒトが選択するためのポップアップを表示させる方法を解説します。

① 選択ダイアログを設定する

(解説) 選択ダイアログの利便性

物事にはルール化が難しくヒトの判断が必要になるものや、そもそもルールが存在しないものも多くあります。そのような場合に活用できるのが選択ダイアログです。選択ダイアログにあらかじめ選択肢を設定しておき、ヒトが選択した結果に応じて処理を分岐させることであらゆるパターンに対応することが可能です。ここでは、地方区分を選択する際のルールが存在しないため、地方区分を選択肢に設定した選択ダイアログが表示されるようにします。

1 [メッセージボックス]の > をクリックし、

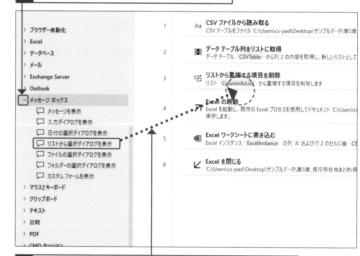

2 [リストから選択ダイアログを表示]をアクション3と4の間にドラッグ＆ドロップします。

3 [ダイアログのタイトル]に「地方選択ダイアログ」と入力します。

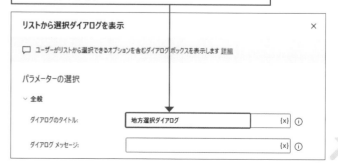

補足

設定文字数について

ダイアログのタイトルやダイアログメッセージに文字数制限はありません。しかし、文字数が非常に多くなると、ウィンドウタイトルを表示しきれなくなったり、ウィンドウサイズが非常に大きくなってしまったりするので、簡潔な文章が適切です。

補足

選択ダイアログを常に手前に表示する設定について

手順**8**の設定を行わない場合、パソコン上で開いているウィンドウの裏側に選択ダイアログが表示されてしまいます。選択ダイアログの表示をわかりやすくするためにはこの設定を行ってください。また、[空の選択を許可]と[複数の選択を許可]に関してはこのあとの手順に支障をきたしてしまうためオンにしていません。[空の選択を許可]をオンにしてしまうと何も選択しない状態で次の処理に進んでしまうことが可能になってしまい、後続処理の際にエラーが発生してしまいます。[複数の選択を許可]をオンにしてしまうと変数名や選択ダイアログの表示が変更されてしまい、手順どおりに設定できなくなってしまいます。

[空の選択を許可]をオンにした場合

[複数の選択を許可]をオンにした場合

---

4 [ダイアログメッセージ]に「出力したい地方を選択してください」と入力し、

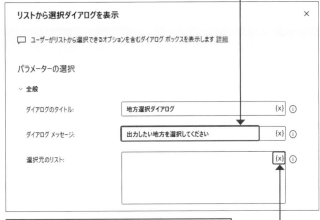

5 [選択元のリスト]の {x} をクリックします。

6 [ColumnAsList]をクリックし、

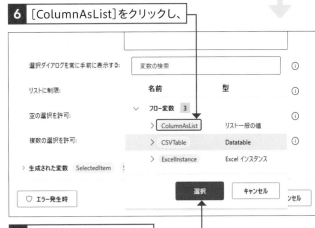

7 [選択]をクリックします。

8 [選択ダイアログを常に手前に表示する]の ◯ をクリックして ◉ にし、

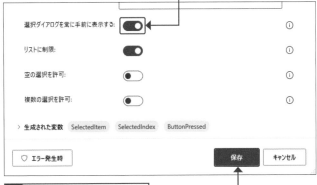

9 [保存]をクリックします。

② 選択ダイアログを表示する

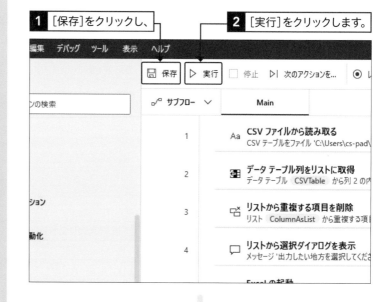

🗨 解説

選択ダイアログの設定内容

ここでは、入力したタイトル名とメッセージ、重複削除後の地方名一覧が選択ダイアログに表示される設定を行いました。タイトル名やメッセージを変更したい場合は[リストから選択ダイアログを表示]をダブルクリックし、表示された設定画面で変更を行ってください。

✏️ 補足

選択ダイアログの[Cancel]ボタンについて

手順**6**で表示される選択ダイアログには、[OK]ボタンと[Cancel]ボタンがあり、どちらのボタンをクリックしても選択が行われて後続処理に進みます。[Cancel]ボタンをクリックすると選択が行われない動きをイメージしがちですが、実際には[OK]ボタンをクリックしたときと同じように進み、クリックされたボタン名が格納される変数[ButtonPressed]に入るデータがOKではなくCancelとなるだけとなっています。下図は選択ダイアログで[Cancel]ボタンをクリックした際の変数[ButtonPressed]の表示です。[Cancel]となっていることが確認できます。

1 [保存]をクリックし、　　**2** [実行]をクリックします。

3 [地方選択ダイアログ]画面が表示されるので、

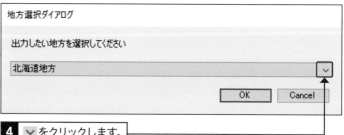

4 ✓ をクリックします。

5 東北地方、関東地方などが表示されることを確認します。

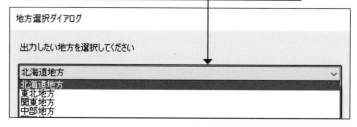

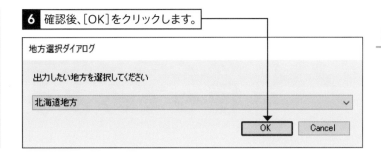

6 確認後、[OK]をクリックします。

地方選択ダイアログ

出力したい地方を選択してください

北海道地方

OK　　Cancel

 補足 **メッセージボックスの種類**

ここで使用した[リストから選択ダイアログを表示]アクションと、このあと使用する[メッセージを表示]アクション以外にもさまざまなメッセージボックスがあるので、代表的なものを紹介します。

●[入力ダイアログを表示]アクション

入力を促す際に使用するのが「入力ダイアログ」です。入力の種類は[1行][パスワード][複数行]の3つです。

●[日付の選択ダイアログを表示]アクション

日付の選択を促す際に使用するのが「日付の選択ダイアログ」です。ダイアログの種類は[1つの日付][日付範囲（2つの日付）]の2つ、プロンプトの種類も[日付のみ][日付と時刻]の2つです。組み合わせることで柔軟な選択ダイアログを作成できますが、ここでは2点のみ紹介します。

ここで学ぶこと

・繰り返し処理
・Loop
・プロパティ

同じような処理を続けて行う場合、繰り返しの設定を行うことで作成工程を大幅に少なくすることができます。ここでは、[Loop] というアクションを活用した繰り返し処理を説明します。

① データ件数をもとにループを設定する

解説

繰り返し処理

ここでは、全都道府県の数である47回処理を行います。繰り返しアクションにて47回繰り返す設定を行うことで1都道府県あたりの処理アクションは1つだけになります。繰り返しの設定を行わないと1都道府県あたりの処理アクションを47個設定することになり、作成工数が多くなってしまいます。

解説

[Loop] アクション

[Loop] アクションは、「開始値から終了まで値を増分しながら繰り返す」という意味合いのアクションになります。ここでは小さい値から大きい値になるまでの繰り返しを設定しますが、増分にマイナスの値を入れることで、大きな値から小さな値になるまで繰り返す設定を行うことも可能です。

1 [ループ]の > をクリックし、

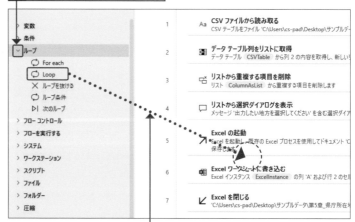

2 [Loop] をアクション5と6の間にドラッグ＆ドロップします。

3 [開始値]に「0」と入力し、

4 [終了]の {x} をクリックします。

重要用語

プロパティ

一部の変数型では「プロパティ」と呼ばれる、変数の値だけではなくその変数型が持っている情報を取得・使用することができます。[変数名.プロパティ名]と設定することで、その変数に存在するプロパティを設定することが可能です。ここでは[.RowsCount]というプロパティを使用して、変数[CSVTable]の行数を取得しています。

---

5 [CSVTable]の〉をクリックします。

6 [.RowsCount]をクリックし、

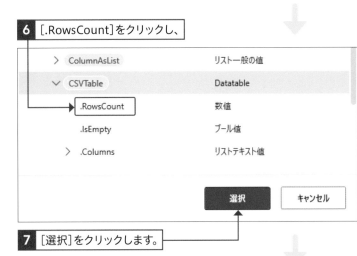

7 [選択]をクリックします。

8 「%CSVTable.RowsCount%」の最後の「%」の前に「 -1 」を追記します（-の前後に半角スペースを入れます）。

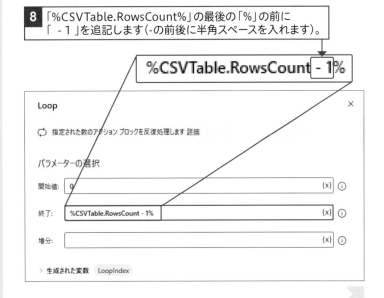

解説

開始値の[0]と終了へ追記した[-1]について

プログラミングではデータの個数や行数を数える場合は、1、2・・・と1から順番に数えますが、データを指定する場合は0番目、1番目・・・と0から順番に番号が振られています。ここでは、変数[CSVTable]のデータを活用する繰り返しのため、すべてのデータを指定できるように[0から行数-1]までという設定にしています。

解説

増分1の理由

ここでは変数[CSVTable]に対して1行ずつ繰り返し処理をするため、[増分]に1を設定します。もし2行ごとに処理を行いたい場合は[増分]が1ではなく2になります。

9 [増分]に「1」を入力し、

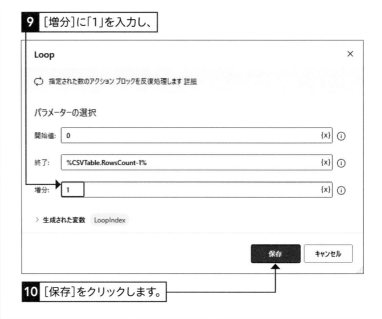

```
Loop                                                    ×

○ 指定された数のアクション ブロックを反復処理します 詳細

パラメーターの選択

開始値:    0                                      {x} ⓘ

終了:      %CSVTable.RowsCount-1%                  {x} ⓘ

増分:      1                                       {x} ⓘ

> 生成された変数  LoopIndex

                                    保存      キャンセル
```

10 [保存]をクリックします。

(2) データ件数をもとにループを行う

補足

ループの回数

手順**2**を実行すると、P.112で解説したとおり、47回ループの処理を行うため、少しですが時間がかかります。

1 [保存]をクリックし、

2 [実行]をクリックします。

```
イル  編集  デバッグ  ツール  表示  ヘルプ

ション              🖫 保存  ▷ 実行  □ 停止  ▷| 次のアクションを...

アクションの検索          ◻° サブフロー  ∨        Main

                    1    Aa  CSV ファイルから読み取る
                             CSV テーブルをファイル 'C:\Users\cs-

                    2    ⚏  データ テーブル列をリストに取得
ウ For each              データ テーブル  CSVTable  から列 2
ウ Loop
✕ ループを抜ける          3    ⊏⊐  リストから重複する項目を削除
                             リスト  ColumnAsList  から重複す
```

3 実行の途中で[地方選択ダイアログ]画面が表示されるので、[OK]をクリックします。

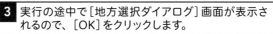

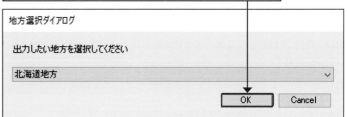

```
地方選択ダイアログ

出力したい地方を選択してください

北海道地方                                          ∨

                              OK        Cancel
```

4 実行完了後、[LoopIndex]をダブルクリックします。

5 [47]と表示されることを確認し、

6 [閉じる]をクリックします。

🗨解説 要素数と要素番号

リスト型やデータテーブル型の変数のように1つの変数の中に複数の値を格納できる場合、データの番地を指定することで特定の値を扱うことができます。そこで重要になるのが「要素数」と「要素番号」です。「要素数」とは格納されているデータの個数を指します。たとえば、ここで使用しているCSVをもとに行数でデータを数える場合、47となります。

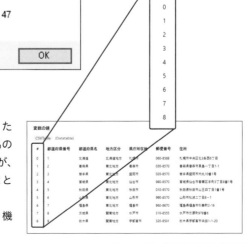

一方、「要素番号」とは、各データの番地を指す番号になります。たとえば、ここまでフロー実行後に[CSVTable]を確認すると列名の一番左側に#列があり、0、1、2・・・と数が記載されていましたが、これが行の要素番号になります。ヒトが数をかぞえるときは1、2となりますが、要素番号は0、1、2・・・と0から始めます。
Sec.29以降では「要素番号」をもとにデータを指定して値を扱う機会が増えるので、ぜひ覚えてください。

29 条件分岐を使ってみよう

ここで学ぶこと

- 条件分岐処理
- 変数
- メッセージダイアログ

特定のルールをもとに、場合分け・パターン分けなどを行いたい場合は、条件分岐を活用します。ここでは [If] アクションを使用した条件分岐の方法を紹介します。また、設定内容の確認方法として、ポップアップを活用した確認を行います。

① 選択項目をもとに条件分岐を設定する

💬 解説

条件分岐

ここでは、県庁所在地のデータの地方名が選択ダイアログで選択した地方名と同じであればポップアップダイアログを表示するという条件分岐のフローを、[If] アクションを使って作成します。

💬 解説

[If] アクション

[If] アクションは、演算子を用いて最初のオペランドと2番目のオペランドを比較するためのアクションです。演算子には [と等しい (=)] [より大きい (>)] などが存在しているため、[A=Bの場合] などを設定することができます。また、演算子には [空である] なども存在しており、[Aが空である場合] といった設定を行うことも可能です。

1 [条件] の 〉 をクリックし、

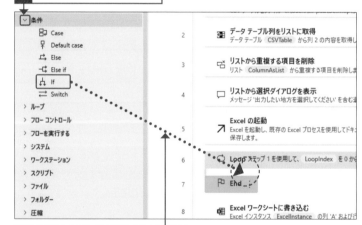

2 [If] をアクション6と7の間にドラッグ＆ドロップします。

3 [最初のオペランド] の {x} をクリックします。

If	×
🔱 このステートメントで指定した条件を満たす場合に実行する、アクション ブロックの開始を示します 詳細	

パラメーターの選択

最初のオペランド:	|	{x} ⓘ
演算子:	と等しい (=) ∨	ⓘ
2番目のオペランド:		{x} ⓘ

補足

「% 変数名[行番号] %」の見方

リスト型やデータテーブル型など、1つの変数に複数の値が格納されている場合、使用する値を指定することができます。リスト型の場合は「% 変数名［行番号］%」、データテーブル型の場合は「% 変数名［行番号］［列番号］%」と設定することで、指定した番号に格納されている値を使用できます。

補足

行番号の設定

CSV ファイルを1行ずつ繰り返し処理するため、行番号には繰り返し回数を意味する変数[LoopIndex]を設定します。ここでのように行番号が繰り返しによって変動する場合は変数を設定しますが、変動せず常に同じ行番号を処理する場合は数字を設定します。

4 [CSVTable]をクリックし、

5 [選択]をクリックします。

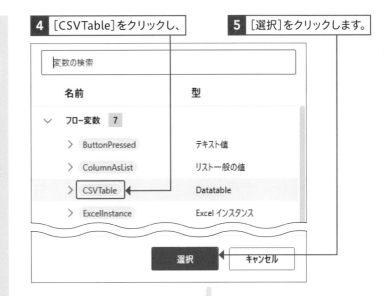

6 「%CSVTable%」の最後の「%」の前に「[ ]」を追記し、

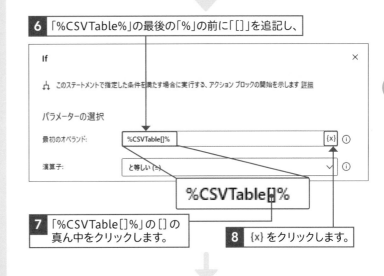

7 「%CSVTable[]%」の[ ]の真ん中をクリックします。

8 {x}をクリックします。

9 [LoopIndex]をクリックし、

10 [選択]をクリックします。

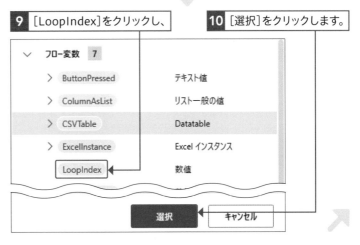

Excel への転記を自動化しよう

5

補足

「%変数名[変数名]%」の見方

PADで変数を使用する場合、「%変数名%」と表記するルールが存在しますが、%%の範囲内に複数の変数名を記載することもできます。たとえば、行番号を数字ではなく変数で指定したい場合は、「%変数名A[変数名B]%」と記載すれば、変数B行目の値を求めることができます。

解説

%CSVTable[LoopIndex][2]%の見方

ここでは変数[CSVTable]に対して行番号を[LoopIndex]と指定しています。変数[LoopIndex]は1回繰り返すごとに1増える値になるので、変数[CSVTable]内の異なる行から値を取得することができます。また、「2」と指定している列番号は変数[CSVTable]の一番左の列を0番目とし、2番目の列となるので、[地方区分]を参照していることになります。

変数の値

CSVTable (Datatable)

#	都道府県番号	都道府県名	地方区分	県庁所在地	郵便番号
0	1	北海道	北海道地方	札幌市	060-8588
1	2	青森県	東北地方	青森市	030-8570
2	3	岩手県	東北地方	盛岡市	020-8570

解説

[If]アクションの内容について

最初のオペランドを「%CSVTable[LoopIndex][2]%」、2番目のオペランドを「%SelectedItem%」とし、演算子は既定値の[と等しい(=)]としました。このことから、「%CSVTable[LoopIndex][2]%=%SelectedItem%の場合、条件に当てはまる」といった内容になります。

11 「%LoopIndex%」の2つの%を削除し、

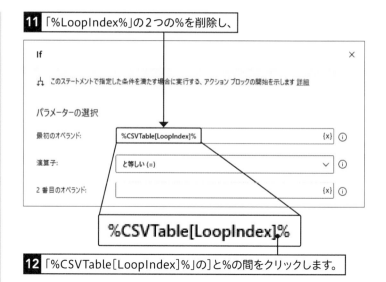

%CSVTable[LoopIndex]%

12 「%CSVTable[LoopIndex]%」の]と%の間をクリックします。

13 「[2]」と入力します。

%CSVTable[LoopIndex][2]%

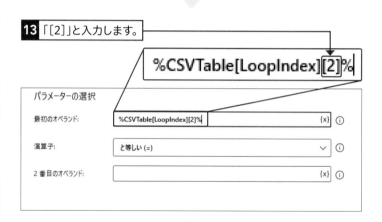

14 [2番目のオペランド]に「%Selecteditem%」と入力し、

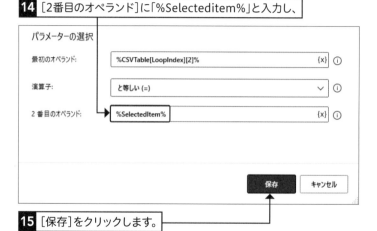

15 [保存]をクリックします。

② 確認用のメッセージ表示を設定する

補足

**[表示するメッセージ] の
設定方法**

手順**3**ではクリック操作を中心に設定することもできます。詳しくは、P.121を参照してください。

1 [メッセージボックス]の > をクリックし、

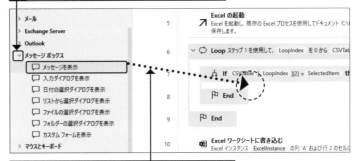

2 [メッセージを表示]をアクション7と8の間のにドラッグ＆ドロップします。

3 [表示するメッセージ]に「%CSVTable[LoopIndex][1]%」と入力し、

%CSVTable[LoopIndex][1]%

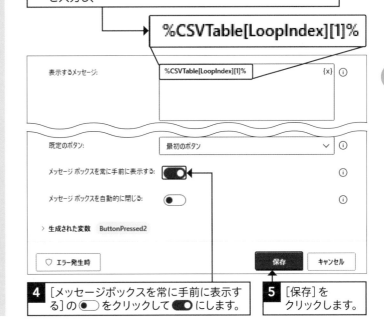

表示するメッセージ:	%CSVTable[LoopIndex][1]%
既定のボタン:	最初のボタン
メッセージ ボックスを常に手前に表示する:	
メッセージ ボックスを自動的に閉じる:	
生成された変数	ButtonPressed2

エラー発生時　　　　　　　　　　　保存　　キャンセル

4 [メッセージボックスを常に手前に表示する]の ◯ をクリックして ◯ にします。

5 [保存]をクリックします。

5

Excelへの転記を自動化しよう

**補足** **列番号の設定**

手順**3**では、変数 [CSVTable] の列番号を「1」と設定することで、1番目の列を参照することが可能です。変数 [CSVTable]の一番左の列を0番目として1番目の列は [都道府県名] であるため、メッセージに都道府県名を表示する動きになります。

変数の値

CSVTable (Datatable)

#	都道府県番号	都道府県名	地方区分	県庁所在地
0	1	北海道	北海道地方	札幌市
1	2	青森県	東北地方	青森市
2	3	岩手県	東北地方	盛岡市

③ 選択項目をもとに条件分岐を確認する

🗨 解説

選択する地方について

ここではわかりやすいように[関東地方]を選択していますが、別の地方を選択した場合も以降の処理は正常に動作します。たとえば[九州地方・沖縄地方]を選択した場合は、以降の分岐の対象がこちらになります。

地方選択ダイアログ
出力したい地方を選択してください
九州地方・沖縄地方

✏ 補足

ポップアップダイアログの内容について

ここでは変数[CSVTable]の[LoopIndex]行目の値が指定した地方だった場合、毎回ポップアップダイアログが表示されるような設定となっています。そのため「茨城県」のほかに、「栃木県」「群馬県」「埼玉県」「千葉県」「東京都」「神奈川県」が順番に表示されます。

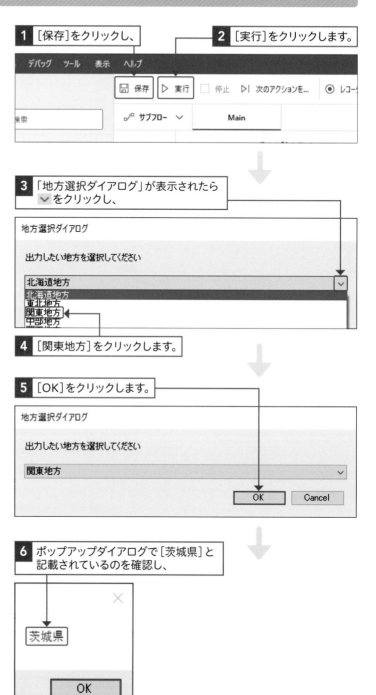

1 [保存]をクリックし、

2 [実行]をクリックします。

3 「地方選択ダイアログ」が表示されたら ∨ をクリックし、

4 [関東地方]をクリックします。

5 [OK]をクリックします。

6 ポップアップダイアログで[茨城県]と記載されているのを確認し、

7 [OK]をクリックします。

8 続いて関東地方の各県名が6回表示されるので、それぞれ[OK]をクリックします。

✏️ 補足　変数の設定について

変数の設定方法については、P.77で解説したとおり、「直接入力する」する方法と「変数の選択画面から設定する（{x}がある場合）」方法の2つがあります。P.118の手順⑭と、P.119の手順❸では、直接入力する設定方法を解説しました。P.116の手順❸から手順⑬を操作した読者の方はわかると思いますが、このP.119の手順❸でも同じように、変数の選択画面を利用して、主にクリック操作を行うことで、変数を設定することが可能です。変数の選択画面を利用するメリットは、入力ミスの可能性が低くなることですが、変数に慣れてくると、直接入力したほうが効率的です。ここではP.119の手順❸から、主にクリック操作を行うことで設定する方法の概要を解説します。

1 ［表示するメッセージ］の右横の {x} をクリックします。

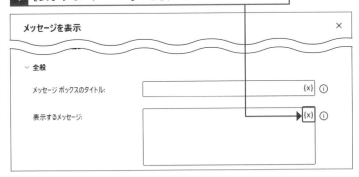

2 ［CSVTable］→［選択］とクリックし、「%CSVTable%」の最後の%の前に「[]」を追記します。

3 キャレット（P.202「重要用語」参照）を「[」と「]」の間に合わせ、

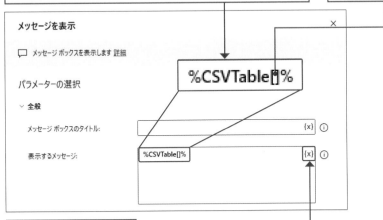

4 {x} をクリックします。

5 ［LoopIndex］→［選択］とクリックします。

6 ここまでの操作で、「%CSVTable[%LoopIndex%]%」となっているはずなので、あとは「%LoopIndex%」の%を削除して、末尾に「[1]」を追加すれば、「%CSVTable[LoopIndex][1]%」となります。

以降の章では、P.118の手順⑭と、P.119の手順❸のように、直接変数を入力する方法を解説するケースもありますが、「変数の選択画面から設定する」方法もあるので、覚えておきましょう。

Excelファイルに
データを書き込もう

ここで学ぶこと

- Excelへの書き込み
- 条件分岐処理
- 繰り返し処理

Sec.24ではCSVファイルから取得したデータをそのままExcelへ貼り付けていましたが、ここではSec.29で設定した条件分岐にそって、その条件に当てはまるデータを書き込む方法を解説します。

1 確認用のメッセージ表示を削除する

解説

選択した地方区分データの書き込み

ここでは、CSVファイルのデータを取得した変数[CSVTable]のすべてをExcelのA2セルに書き込む設定から、変数[CSVTable]の中から選択した地方区分のみをExcelのA2セルに書き込む設定に変更していきます。具体的には[Excelワークシートに書き込む]アクションの処理タイミングと[書き込む値]の内容の2つを変更していきます。

補足

アクションの削除方法

アクションの削除は、対象のアクションをクリックで選択して[Delete]を押すことでも可能です。

1 アクション8の[メッセージを表示]の : をクリックし、

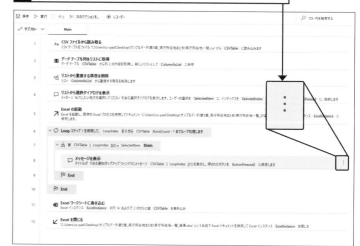

2 [削除]をクリックします。

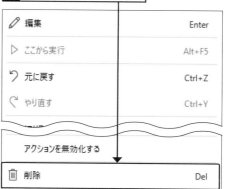

✏ 編集	Enter
▷ ここから実行	Alt+F5
↺ 元に戻す	Ctrl+Z
↻ やり直す	Ctrl+Y
アクションを無効化する	
🗑 削除	Del

💬解説

書き込みアクションの繰り返し

Sec.29で設定した条件に合わせて繰り返しExcelファイルに書き込むため、[Excelワークシートに書き込む] アクションを [Loop] アクションおよび [If] アクションの間にドラッグ＆ドロップします。

1 アクション10の［Excelワークシートに書き込む］アクションをアクション7と8の間にドラッグ＆ドロップします。

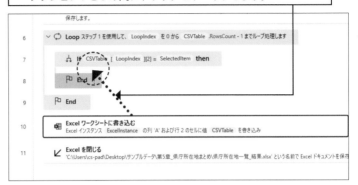

2 アクション8の［Excelワークシートに書き込む］をダブルクリックします。

💬解説

行番号の設定理由

Sec.24でのCSVファイルから取得したデータをそのままExcelファイルに書き込む設定から、選択ダイアログで選択した地方名のみExcelファイルに書き込む設定に変更するために変数 [CSVTable] の行番号を設定します。

3 「%CSVTable%」と記載がある最後の「%」の前に「[]」を追記します。

4 「%CSVTable[]%」の [] の真ん中をクリックします。

5 {x} をクリックします。

解説

行番号の設定

選択ダイアログにて選択した地方名の都道府県を Excel ファイルに繰り返し書き込むため、行番号には繰り返し回数を意味する変数 [LoopIndex] を選択します。

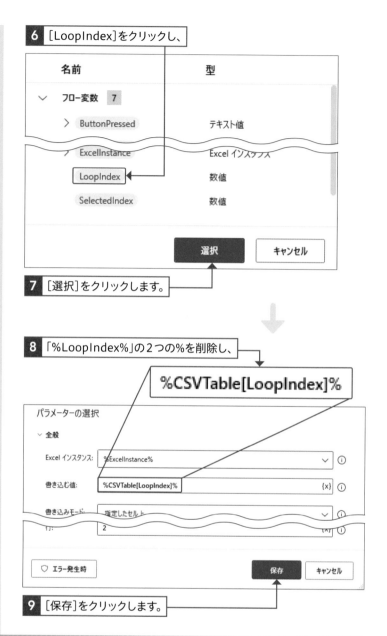

6 [LoopIndex]をクリックし、

名前	型
∨ フロー変数 7	
＞ ButtonPressed	テキスト値
＞ ExcelInstance	Excel インスタンス
LoopIndex	数値
SelectedIndex	数値

選択　　キャンセル

7 [選択]をクリックします。

8 「%LoopIndex%」の2つの%を削除し、

%CSVTable[LoopIndex]%

パラメーターの選択

∨ 全般

Excel インスタンス： %ExcelInstance%

書き込む値： %CSVTable[LoopIndex]%

書き込みモード： 指定したセルト

行： 2

♡ エラー発生時　　保存　　キャンセル

9 [保存]をクリックします。

③ 条件にそってデータを書き込む

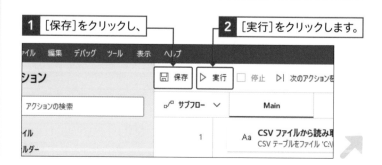

1 [保存]をクリックし、

2 [実行]をクリックします。

ファイル　編集　デバッグ　ツール　表示　ヘルプ

ション　　　🖫 保存　▷ 実行　□ 停止　▷｜次のアクションを

アクションの検索

✓ サブフロー ∨	Main
1	Aa CSV ファイルから読み取... CSV テーブルをファイル 'C:\

イル
ルダー

解説

Excelの記載内容について

現在は条件に合った内容をすべてA2セルに入力するような設定となっています。そのため選択ダイアログで[関東地方]を選択した場合は、データ内で最後の対象である[神奈川県]のデータが入力されています。もし[九州地方・沖縄地方]を選択した場合は、データ内で最後の対象である[沖縄県]のデータが入力されます。

3 「地方選択ダイアログ」が表示されたら ✓ をクリックし、

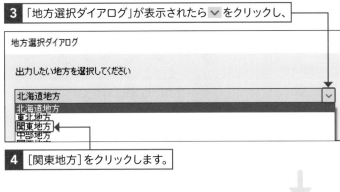

4 [関東地方]をクリックします。

5 [OK]をクリックします。

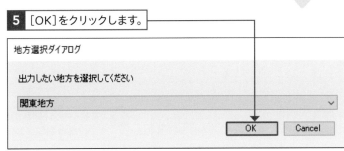

6 実行完了後、[県庁所在地一覧.csv]と同じフォルダー内に格納されている[県庁所在地一覧_結果.xlsx]をダブルクリックします。

7 神奈川県が記載されていることを確認します。

8 確認後、✕をクリックしてExcelを閉じます。

補足

選択地方の都道府県を すべて記載するには

選択ダイアログで選択した地方名の都道府県をすべてExcelファイル記載するためには、記載するExcelの行番号を1つの都道府県ごとに変更していく必要があります。詳しい手順は次のSec.31を確認してください。

すべてのデータを書き込もう

ここで学ぶこと

・Excelへの書き込み
・変数名の設定
・繰り返し処理

Sec.30までは単一セルを基準にExcelへ書き込んでいたため、条件に当てはまったデータをすべて同じセルに記載していました。ここでは1つのデータを書き込むごとに行を変更することで、すべてのデータを書き込むための方法を解説します。

① 繰り返しに合わせた行番号を設定する

解説

書き込む行の設定

処理の繰り返し回数とExcelに書き込む行番号が一致する場合と一致しない場合で行の設定方法が異なります。一致する場合は、繰り返し回数の変数を書き込む行番号に設定することで、繰り返し回数と同じ行番号に書き込むことが可能です。ここでは一致しないので、書き込む行番号の変数[row]を新しく用意し、書き込みを行った場合のみ変数[row]の値を増やしていくフローを作成します。

1 [変数]内の[変数の設定]をアクション5と6の間にドラッグ＆ドロップします。

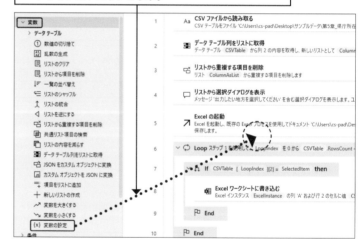

解説

[変数の設定]アクション配置箇所

ここでは、Excelに書き込む行番号の初期値を設定するために[変数の設定]アクションを[Loop]アクションに含めず設定しています。[変数の設定]アクションを[Loop]アクションに含めてしまうと、繰り返しのたびに書き込む行番号の変数が初期値に戻ってしまうので注意が必要です。

2 [NewVar]をクリックします。

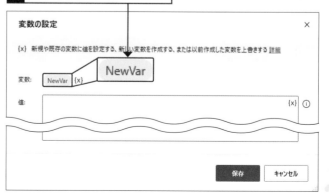

注意

変数名で使える文字

アクションを設定する場合、すべてのアクションでは初期設定された変数名が入力されていますが、任意の変数名へ変更することが可能です。変数名として使える文字は半角英数字と[_（アンダースコア）]のみとなります。なお、［変数の設定］アクションでは作成する変数名が[NewVar]となっているので、必ず変更してください。

3 「row」と入力し、

4 ［値］に「2」を入力して、

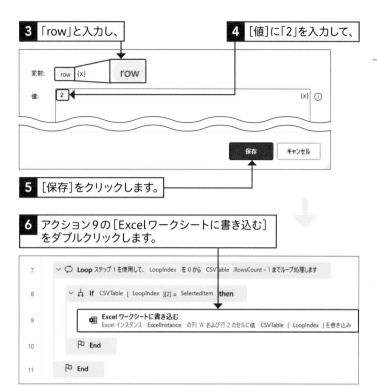

5 ［保存］をクリックします。

6 アクション9の［Excel ワークシートに書き込む］をダブルクリックします。

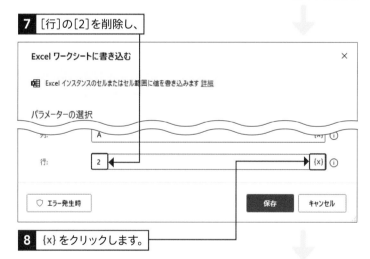

7 ［行］の［2］を削除し、

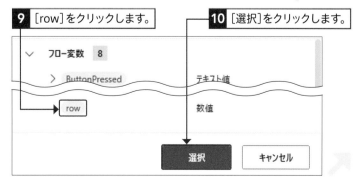

8 {x} をクリックします。

 解説

書き込み先の行へ変数[row] を設定

書き込み先の行を「2」と設定した場合、A2セルの書き込みのみとなってしまいます。そこで行を変数[row]にすることで、A列内の[row]行に対して値を書き込めるようになります。手順4で変数[row]の値は初期値の「2」のまま固定されていますが、手順12以降で増やしていく方法を解説します。

9 ［row］をクリックします。

10 ［選択］をクリックします。

解説

変数を大きくする処理の繰り返し

Excelに書き込まなかった場合に、書き込む行番号を大きくしてしまうと書き込み結果に空行が発生してしまうため、Excelに書き込んだあとにのみ、書き込む行番号を大きくする処理を行う必要があります。したがって、手順⓬では[変数を大きくする]アクションを[If]アクションに含まれる箇所にドラッグ＆ドロップします。

11 ［保存］をクリックします。

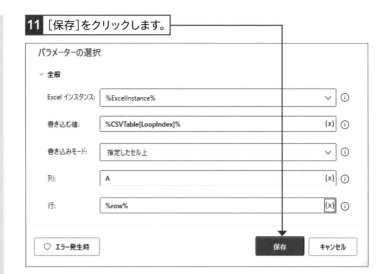

12 ［変数］内の［変数を大きくする］をアクション9と10の間にドラッグ＆ドロップします。

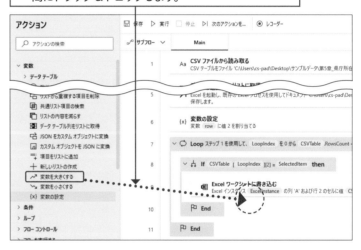

13 ［変数名］の｛x｝をクリックします。

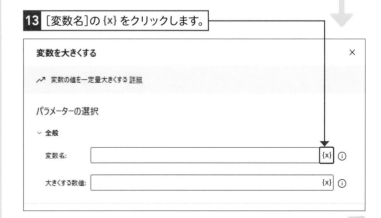

解説

[変数を大きくする] アクション

[変数を大きくする]アクションは、[変数名]で指定した変数の値を[大きくする数値]へ設定した数値に応じて加算することができます。[大きくする数値]へ1や2などプラスの数値を設定した場合はそのまま加算され、-1や-2などマイナスの数値を設定した場合は変数の値から減算されます。

14 [row]をクリックし、

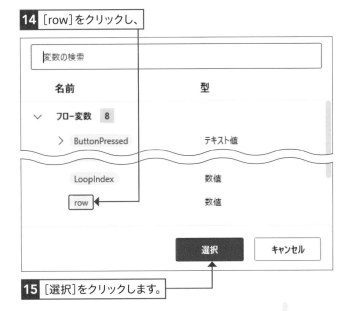

15 [選択]をクリックします。

16 [大きくする数値]に「1」を入力し、

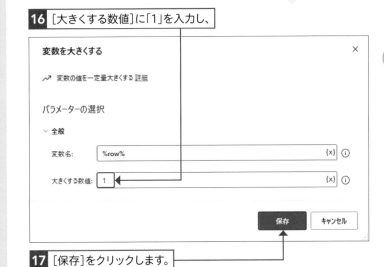

17 [保存]をクリックします。

② Excelへ繰り返し入力を行う

1 [保存]をクリックし、

2 [実行]をクリックします。

補足

実行結果について

ここまでの内容でA2セルを起点として、条件に合った値を行を変更しながら書き込むことができるようになりました。選択ダイアログで[関東地方]を選択した場合は、[茨木県]から[神奈川県]までの7都県が順番に記載されます。

補足

複数の実行結果を残したい場合

ここでは、同名ファイルを上書き保存して閉じる動きになっているので、複数回実行した場合でも最後の実行結果しか残すことができません。複数の実行結果を残したい場合はファイル名[県庁所在地一覧_結果.xlsx]を名前変更してから実行することで上書き保存を回避し、複数の実行結果を残すことが可能です。

3 「地方選択ダイアログ」が表示されるので、　**4** ∨をクリックし、

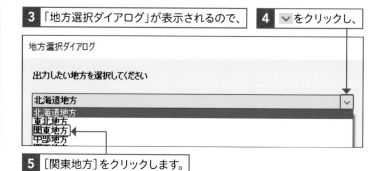

5 [関東地方]をクリックします。

6 [OK]をクリックします。

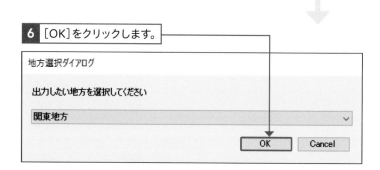

7 実行完了後、[県庁所在地一覧.csv]と同じフォルダー内に保存されている[県庁所在地一覧_結果.xlsx]をダブルクリックします。

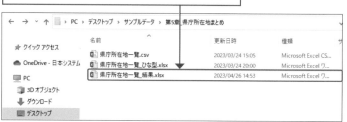

8 実行結果が正しいか確認します。

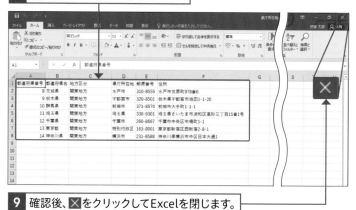

9 確認後、☒をクリックしてExcelを閉じます。

第 **6** 章

Excel文書の作成を
自動化しよう

32 作成するフローを確認しよう

ここで学ぶこと

- フローの作成順序
- データの読み取り設定
- データの書き込み設定

ここでは、注文書のExcelファイルからデータを取得して数値計算や日付形式の変更を行い、請求書のExcelファイルを作成します。どのような手順でフローを作成するのか、あらかじめ確認しておくと理解も深まります。

① 本章で作成するフロー

本章では、Excelファイルの注文書から請求書を作るフローを作成します。[01_未処理]フォルダーにある[注文書01.xlsx]のデータを[04_ひな型]フォルダーにある[請求書_ひな型.xlsx]に転記し、[03_作成済請求書]フォルダーに別名で保存します。請求書を作成した注文書は[02_処理済み]フォルダーに移動します。これを最終的には[01_未処理]フォルダーにあるすべての注文書に対して行えるようにします。

❶ [01_未処理]フォルダー内の
　　ファイル数を確認

❷ [01_未処理]フォルダー内の
　　注文書のデータを取得

❸ [04_ひな型]フォルダー内の
　　[請求書_ひな型.xlsx]へ
　　注文書のデータを転記

❺ 請求書を作成した注文書を[01_未処理]フォ
　　ルダーから[02_処理済]フォルダーへ移動

❹ 転記後の[請求書_ひな型.xlsx]を別名で
　　[03_作成済請求書]フォルダーへ保存

[01_未処理]フォルダー内の注文書をすべて処理するまで繰り返します。

② フローの作成順序

▶ STEP1 基本情報と 注文情報1件の処理設定

Sec.33〜38では、注文書の基本情報と注文情報1件を読み取り、請求書のひな型に転記して別名保存する処理を設定します。このSTEPが完了すると、基本情報と注文情報1件を転記することが可能になります。

未処理フォルダー内の注文書とその基本情報を取得	STEP1 Sec.33

> 注文書の取得結果は、リスト型の変数に格納される。また、基本情報の取得では、会社名や件名など、1ファイルに1つのみ存在するデータを処理

請求書のひな型に基本情報を転記	STEP1 Sec.34

注文書から1件分の注文情報を取得	STEP1 Sec.35

日時の取得と書き込み・Excelを閉じる	STEP1 Sec.36〜38

▶ STEP2 注文情報全件繰り返し、 合計金額などの書き込み設定

Sec.39〜40では、注文書の注文情報を読み取り、商品名が空白になるまで転記を繰り返す処理と、合計金額などを計算して書き込む処理を設定します。このSTEPが完了すると、注文情報全件と合計金額などを転記することが可能になります。

注文書から商品名を取得

商品名空白分岐

空白でない　　　　　　　　　　空白である

> 商品名が空白の場合、注文書の全商品の処理が完了したと判断

注文書から注文情報を取得

請求書のひな型に注文情報を転記

合計金額などを計算

STEP2 Sec.39、40

注文書の22〜40行を2行ずつ処理

請求書のひな型に合計金額などを入力

▶ STEP3 注文書の移動、未処 理フォルダー内のファイル数 分繰り返し設定

Sec41〜42では、転記を完了した注文書を処理済フォルダーへ移動する処理と、この処理を未処理フォルダー内の注文書の数だけ繰り返す設定を行います。このSTEP3を完了すると、注文書ファイルの移動をファイル数だけ繰り返すことが可能になります。

請求書のひな型を別名保存	STEP3 Sec.41

注文書を処理済フォルダーへ移動	STEP3 Sec.42

未処理フォルダー内の注文書を1ファイルずつ処理	STEP3 Sec.42

> なお、本章ではSectionをまたいだ状態で連続した手順として解説しています。そのため、アクショングループが展開されている場合は、そのことを前提で解説しています。

Section

33 注文書から基本情報を取得しよう

ここで学ぶこと

・セルの設定
・変数名変更
・アクションの複製

ここではあらかじめ用意した注文書を使って、その注文書に書かれている基本情報を取得する方法を解説します。ある程度、同じ操作の繰り返しになりますが、セルの設定や変数名の変更など、間違えないように注意深く行う必要があります。

1 新しいフローを作成する

解説

フロー名の設定

ここでは、注文書をもとに請求書を作成するフローを作成します。そのため、わかりやすい名前として[請求書作成]と設定します。

1 [フローコンソール]画面で[新しいフロー]をクリックします。

2 [フロー名]に「請求書作成」と入力し、

3 [作成]をクリックします。

② Excelを開く設定を行う

解説

Excelの起動設定

Excelの情報を取得するためには、事前にExcelを開く必要があります。そのため、[Excelの起動]アクションをフローにドラッグ＆ドロップします。

---

1 [フローコンソール]画面でアクション欄の[Excel]の **›** をクリックし、

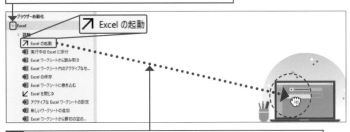

2 [Excelの起動]をワークスペースにドラッグ＆ドロップします。

3 [Excelの起動]の右にある **∨** をクリックし、

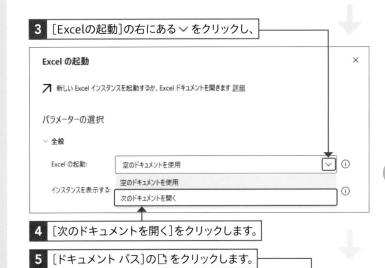

4 [次のドキュメントを開く]をクリックします。

5 [ドキュメント パス]の 🗋 をクリックします。

| Excel の起動: | 次のドキュメントを開く | |
| ドキュメント パス: | | |

6 [デスクトップ]をクリックし、

7 [サンプルデータ]をダブルクリックします。

補足

既存のExcelファイルを開く場合

手順**4**では既存の[注文書01.xlsx]を使用するため、[次のドキュメントを開く]を設定します。この設定を行った場合のみ、[ドキュメントパス]の設定項目が表示されるので、ここで開く[注文書01.xlsx]を指定します。

8 [第6章_請求書作成]→[01_未処理]の順にダブルクリックします。

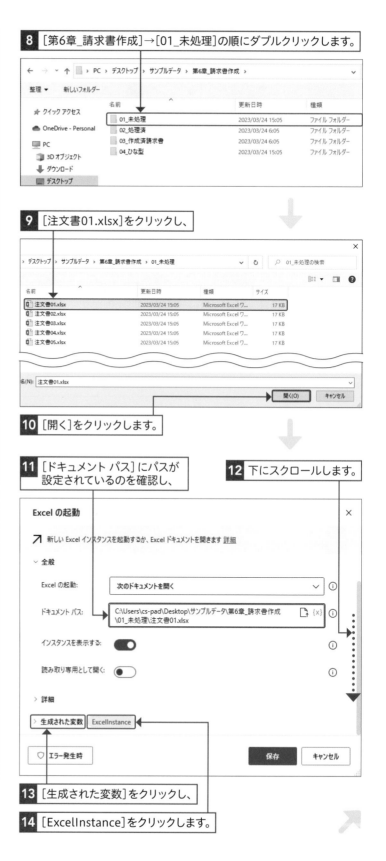

9 [注文書01.xlsx]をクリックし、

10 [開く]をクリックします。

11 [ドキュメント パス]にパスが設定されているのを確認し、

12 下にスクロールします。

13 [生成された変数]をクリックし、

14 [ExcelInstance]をクリックします。

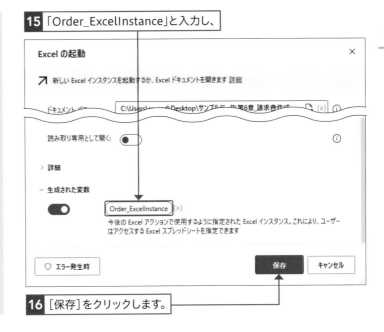

解説

変数名の変更

ここでは Excel ファイルを複数開くので、Excel インスタンスも複数設定されます。Excel インスタンスがどの Excel ファイルを意味するのかわかりやすくするため、変数名を設定します。このアクションでは[注文書01.xlsx]を開いているので、「注文書の Excel」を意味する[Order_ExcelInstance]という変数名に変更します。変数名は「％変数名％」というルールのもと、「％Order_ExcelInstance％」と入力しても変更できます。

15 「Order_ExcelInstance」と入力し、

16 [保存]をクリックします。

補足 保存後の修正

手順**16**で保存したのち、修正を行いたい場合は、フローデザイナーのアクションをダブルクリックします。手順**15**の画面が表示されるので、修正を施して再度[保存]をクリックしてください。なお、P.138の「ヒント」でエラーペインの解説をしていますが、このエラーペインが表示された場合も、該当するアクションをダブルクリックして設定画面を表示して修正します。

ダブルクリック

③ PADでExcelを開く

✦ 応用技

パスワード付きExcelの起動

パスワード付きのExcelを起動する際は、[Excelの起動]アクションの[詳細]設定項目の[読み取り保護パスワード]もしくは[書き込み保護パスワード]の設定が必要です。Excelに設定されているパスワードを設定することで、パスワード付きのExcelを起動することができます。また、正しくないパスワードが設定されてしまうと、Excelを起動できずエラーが発生するので注意してください。

1 [保存]をクリックし、

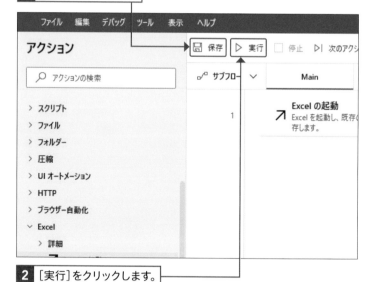

2 [実行]をクリックします。

3 [注文書01.xlsx]が開くことを確認し、Excelを閉じます。

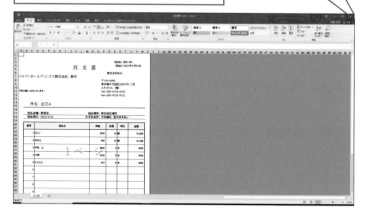

💡 ヒント　[注文書01.xlsx]が正常に開けない場合

[注文書01.xlsx]が正しく開けない原因としては、アクションの設定ミスやフロー実行時のエラーが挙げられます。エラーペインの内容をもとに、アクションに設定しているファイルパスに間違いがないか確認してください。

型	説明
❗	Excel ドキュメント 'C:\Users\cs-pad\Desktop\サンプルデータ\第6章_請求書作成\01_未処理\ 注文書01.xlsx' (ファイルに関連したエラー) を開くことができませんでした。

④ Excelから情報を取得する設定を行う

ここからは、［注文書01.xlsx］の情報を取得するアクションを設定していきます。その設定のSTEPと手順を「会社名」を例に解説します。

会社名を取得する設定を行います。

Excelワークシートで赤く囲っているセル（Q6セル）の会社名を取得する設定が、以下のSTEPになります。

Q6セル

- STEP1 Excelワークシートから読み取るので、［Excelワークシートから読み取る］アクションを設定します（手順**1**）。
- STEP2 目的の会社名がQ6セルに記載されているので、Q6セルを設定します（手順**2**〜**3**）。
- STEP3 STEP2で変数が生成されますが、生成されたデフォルトの変数ではわかりづらいので、変数名を［CompanyName］に変更します（手順**4**〜**7**）。

会社名を取得する設定は以上です。以下の具体的な手順で確認してください。

単一セルの値について

P.140の手順**5**で［生成された変数］の変数名の下に表示されている［単一セルの値］は、取得するデータの種別を表しています。ここではQ6セルという単一セルを取得しているので［単一セルの値］が表示されています。単一セルではなく複数セルを取得する場合は、［取得］で［セル範囲の値］を選択します。すると、［セル範囲の値をDataTableとして］と表示されます。

セル範囲の値をDataTableとして

1 ［Excel］内の［Excelワークシートから読み取る］を
アクション1の下にドラッグ＆ドロップします。

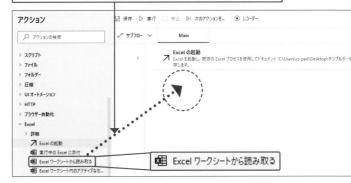

2 ［先頭列］に「Q」を
入力し、

3 ［先頭行］に「6」を入力して、

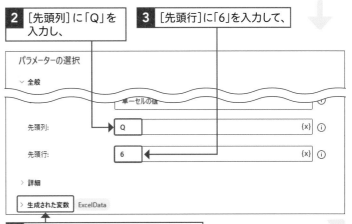

4 ［生成された変数］をクリックします。

補足

変数名の設定

このアクションでは会社名を取得しているので、会社名を意味する[CompanyName]という変数名に変更します。

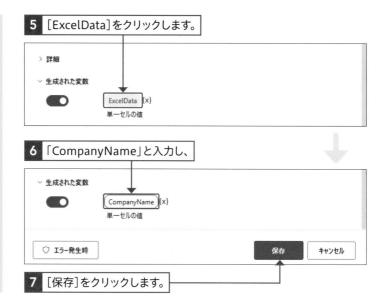

5 [ExcelData]をクリックします。

> 詳細
> 生成された変数

ExcelData {x}
単一セルの値

6 「CompanyName」と入力し、

> 生成された変数

CompanyName {x}
単一セルの値

♡ エラー発生時　　　　　　　　　　　　保存　キャンセル

7 [保存]をクリックします。

本Sectionで行う残りの設定について

注　文　書

発注No. NSK-001 ❹
発注日 2022年3月23日

株式会社NSK

ジャパンホールディングス株式会社　御中

❶ 〒100-0005
❷ 東京都千代田区丸の内1丁目
❸ スカイビル 2階
Tel: 000-0123-0123
Fax: 000-0123-0122

下記の通り、注文いたします。

件名: 注文A ❺

納品店舗: 新宿店　　　　　　　　納品場所: 弊社指定場所
納品期日: 2022/3/21　　　　　　お支払条件: 月末締め、翌月末支払い

左のExcelワークシートで赤く囲っているセルの部分を取得する設定が、以下の表になります。前述したSTEPおよび手順を参考に、入力する数値や生成された変数の名称を変更するなどして、取得情報を設定してください。

STEP／手順	STEP1／手順❶	STEP2／手順❷～❸	STEP2／手順❹～❼
項目	アクション	セルの設定（先頭列、先頭行）	変数名変更
❶郵便番号	[Excelワークシートから読み取る]を設定	P8	[ExcelData] → [PostCode]
❷住所	[Excelワークシートから読み取る]を設定	P9	[ExcelData] → [Address]
❸ビル名	[Excelワークシートから読み取る]を設定	P10	[ExcelData] → [Address2]
❹発注No.	[Excelワークシートから読み取る]を設定	T3	[ExcelData] → [OrderNumber]
❺件名	[Excelワークシートから読み取る]を設定	E14	[ExcelData] → [Title]

補足　アクションの複製

上の表のSTEP1／手順❶は、同じアクション設定の繰り返しになります。この場合、アクションペインからのドラッグ＆ドロップだけでなく、複製による登録も可能です。方法は設定されたアクションを右クリックし、表示されるメニューから[コピー]を選択し、複製して配置したい場所で右クリック→[貼り付け]を選択します。アクションを選択後、Ctrl + C でコピーし、Ctrl + V でペーストする、コピー＆ペーストでも複製できます。

⑤ 自動でExcelのデータを取得する

補足

変数値の確認

手順3で変数に格納されている値を確認する際は、変数ペインを目視するだけでなく、変数をダブルクリックすることでも確認可能です。この方法であれば、値だけでなく変数の型も確認することができます。

1 [保存]をクリックし、

2 [実行]をクリックします。

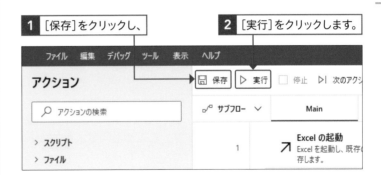

3 [フロー変数]に値が格納されていることを確認します。

4 [注文書01.xlsx]が開くことを確認し、☒をクリックしてExcelを閉じます。

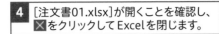

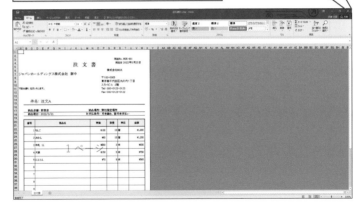

⚠ 注意

不要なウィンドウは閉じる

フローの動作確認に関して、不要なウィンドウは閉じるようにします。すでにウィンドウが開いている場合、確認対象のウィンドウがわからなくなってしまうため、確認の際は注意しましょう。

請求書に基本情報を転記しよう

ここで学ぶこと

- Excelインスタンス
- コピー（複製）
- ここから実行

ここでは、Sec.33で設定した情報を[請求書_ひな型.xlsx]に自動で転記する方法を解説します。ここでも同じような操作の繰り返しがあります。根気よくミスしないように操作してください。

① 別のExcelの起動設定を行う

解説

[Excelの起動]アクションを複製

この手順**1**では、[注文書01.xlsx]とは別のファイルである[請求書_ひな型.xlsx]を開く設定を行っています。Excelインスタンスは、1つのExcelにつき1つというルールがあるため、再度[Excelの起動]アクションの設定を行っています。

1 [Excel]内の[Excelの起動]をアクション7の下にドラッグ＆ドロップします。

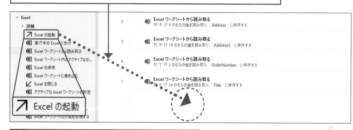

2 [Excelの起動]の ∨ をクリックし、

∨ 全般	
Excel の起動:	空のドキュメントを使用 ∨ ⓘ
インスタンスを表示する:	空のドキュメントを使用 ⓘ
	次のドキュメントを開く

3 [次のドキュメントを開く]をクリックします。

4 [ドキュメント パス]の 🗋 をクリックします。

Excel の起動:	次のドキュメントを開く ∨ ⓘ
ドキュメント パス:	🗋 {x} ⓘ
インスタンスを表示する:	🔘 ⓘ
読み取り専用として開く:	🔘 ⓘ

♡ エラー発生時　　　　　　　　　　　保存　　キャンセル

応用技

Excelを読み取り専用として開く設定

Excelを開く際、読み取り専用として開くことが可能です（P.142の手順**4**の画面参照）。［読み取り専用として開く］の設定を行うことで、読み取り専用としてExcelを開き、内容を変更されない設定にすることができます。

解説

変数名の変更

デフォルトの変数名［ExcelInstance］では、どのExcelインスタンスなのかわかりづらいので、ここでは、「請求書のExcel」を意味する［Invoice_ExcelInstance］という変数名に変更します。

---

5 ［デスクトップ］をクリックし、［サンプルデータ］→［請求書作成］→［04_ひな型］の順にダブルクリックして進み、［請求書_ひな型.xlsx］をクリックします。

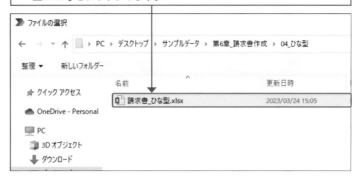

6 ［開く］をクリックします。

7 下にスクロールし、

8 ［生成された変数］をクリックして、

9 ［ExcelInstance］をクリックします。

10 「Invoice_ExcelInstance」と入力し、

11 ［保存］をクリックします。

② 直前で設定したアクションのみ実行する

解説

[ここから実行]を行う理由

[ここから実行]をクリックすることで、選択したアクションからフローを実行できます。ここでは[請求書_ひな型.xlsx]を開く処理のみを確認するため、フロー最下部の[Excelの起動]アクションを対象に[ここから実行]をクリックします。

1 [保存]をクリックします。

2 アクション8の[Excelの起動]を右クリックし、

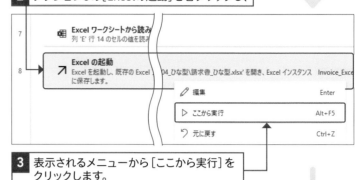

3 表示されるメニューから[ここから実行]をクリックします。

4 [請求書_ひな型.xlsx]が開くことを確認し、☒をクリックしてExcelを閉じます。

ヒント

[請求書_ひな型.xlsx]が正常に開けない場合

[請求書_ひな型.xlsx]が正しく開けない場合は、P.138の「ヒント」を参照してください。

補足 **フローの部分実行**

手順**3**のように、アクションを選択し[ここから実行]をクリックすることで、選択したアクションからフローを実行する部分実行が可能です。部分実行はフローを途中から実行したい場合に有効で、動作確認時に活用します。ただし、[ここから実行]がクリックできず、部分実行を行えないパターンが2つあるので(以下の画面参照)、注意してください。

繰り返しアクションや条件分岐アクションの中に設定されているアクションを選択している場合

複数のアクションを選択している場合

③ Excelへデータを書き込む設定を行う

ここからは[請求書_ひな型xslx]を利用して、Sec.33で設定した情報が自動で入力されるアクションを設定していきます。その設定のSTEPと手順を「郵便番号」を例に解説します。

> 郵便番号を入力する設定を行います。

Excelワークシートで赤く囲っているセル（A6セル）の郵便番号を入力する設定が、以下のSTEPになります。

● STEP1 Excelワークシートへ書き込むので、[Excelワークシートに書き込む]アクションを設定します（手順**1**）。

● STEP2 [Excel インスタンス]を「Invoice_ExcelInstance」に設定します（手順**2**〜**3**）。

● STEP3 郵便番号をA6セルに入力したいので、A6セルを設定します（**4**〜**9**）。

郵便番号を取得する設定は以上です。さらにここでは、以降の操作を効率化するため、[Excelワークシートに書き込む]を4つ複製します（手順**10**〜**15**）。ここまでを以降の具体的な手順で確認してください。

💬 解説

Excelインスタンスの設定

[請求書_ひな型.xlsx]の設定を行ったことにより、Excelインスタンス変数が複数設定されているため、どのExcelインスタンスを対象に処理を行うのか設定する必要があります。そのためP.146の手順**3**では、[Invoice_ExcelInstance]を設定しています。Excelインスタンス変数が1つのみの場合は、自動的にExcelインスタンス変数が[Excelインスタンス]に設定されます。

パラメーターの選択	
⌄ 全般	
Excel インスタンス:	%Order_ExcelInstance%
書き込む値:	
書き込みモード:	指定したセル上

1 [Excel]内の[Excelワークシートに書き込む]をアクション8の下にドラッグ＆ドロップします。

> ファイル
> フォルダー
> 圧縮
> UI オートメーション
> HTTP
> ブラウザー自動化
∨ Excel
　> 詳細
　↗ Excel の起動
　▥ 実行中の Excel に添付
　▥ Excel ワークシートから読み取る
　▥ Excel ワークシート内のアクティブなセ...
　▥ Excel の保存
　▥ Excel ワークシートに書き込む
　▥ Excel を閉じる
　▥ アクティブな Excel ワークシートの設定
　▥ 新しいワークシートの追加
　▥ Excel ワークシートから最初の空の...
　▥ Excel ワークシートの列名を取得する
> データベース
> メール

▥ Excel ワークシートに書き込む

> メッセージ ボックス
> マウスとキーボード
> クリップボード
> テキスト

2　▥ **Excel ワークシートから読み取る**　列 'Q' 行 6 のセルの値を読み取り、 CompanyName に保存する

3　▥ **Excel ワークシートから読み取る**　列 'P' 行 8 のセルの値を読み取り、 PostCode に保存する

4　▥ **Excel ワークシートから読み取る**　列 'P' 行 9 のセルの値を読み取り、 Address に保存する

5　▥ **Excel ワークシートから読み取る**　列 'P' 行 10 のセルの値を読み取り、 Address2 に保存する

6　▥ **Excel ワークシートから読み取る**　列 'T' 行 3 のセルの値を読み取り、 OrderNumber に保存する

7　▥ **Excel ワークシートから読み取る**　列 'E' 行 14 のセルの値を読み取り、 Title に保存する

8　↗ **Excel の起動**　Excel を起動し、既存の Excel プロセスを使用してドキュメント 'C:\Users\cs...' に保存します。

💬 解説

書き込む値の変数設定

郵便番号を書き込む設定のため、手順**5**では、郵便番号を意味する変数 [PostCode] を選択します。

2 [Excel インスタンス]の ∨ をクリックし、

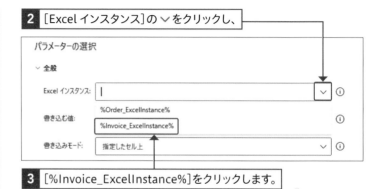

3 [%Invoice_ExcelInstance%]をクリックします。

4 [書き込む値]の {x} をクリックします。

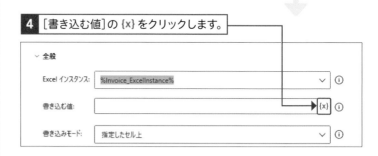

5 [PostCode]をクリックし、

6 [選択]をクリックします。

7 [列]に「A」と入力し、　**8** [行]に「6」と入力して、

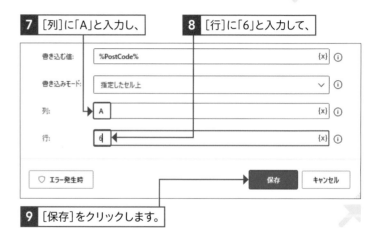

9 [保存]をクリックします。

そのほかのショートカットキー

アクションメニューには［アクションを
無効化する］以外の全項目にショートカ
ットキーが設定されています。コピーな
どの処理を行う際は、アクションメニュ
ーから選択する方法だけでなく、ショー
トカットキーから実行する方法もありま
す。

10 アクション9の⋮をクリックし、

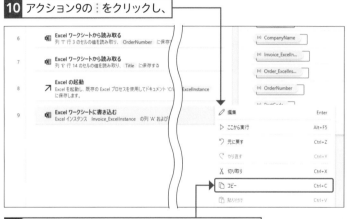

11 表示されるメニューの［コピー］をクリックします。

12 アクション9の下にマウスを合わせ右クリックし、

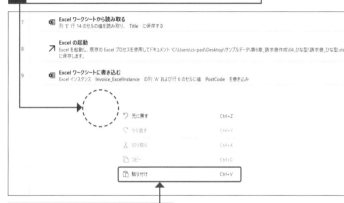

13 ［貼り付け］をクリックします。

14 ［Excelワークシートに書き込む］が複製されたことを確認し、

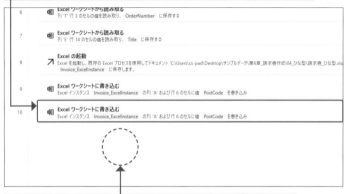

15 最後のアクションの下にマウスを合わせて手順**12**から**13**
の操作を4回行い、［Excelワークシートに書き込む］を
4つ追加します。

解説

同じアクションを計5回複製する理由

ここから［住所］［2つ目の住所］［会社名］［発注No.］［件名］の5つのデータを入力する設定を行います。各データを入力するアクションやExcelインスタンスの設定は、郵便番号を入力する［Excelワークシートに書き込む］アクションと同じなので、同じアクションを計5回複製する処理を行います。

16 アクション11〜14に複製されていることを確認します。

本Sectionで行う残りの設定について

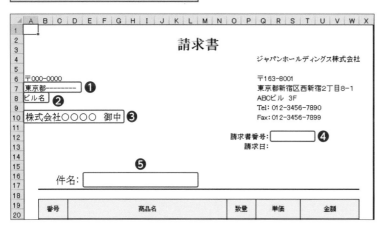

左のExcelワークシートで赤く囲っているセルの部分を入力する設定が、以下の表になります。前述したSTEPおよび手順を参考に、入力する数値や変数名を変更するなどして、入力情報を設定してください。なお、複製した［Excelワークシートに書き込む］アクションのExcelインスタンスには、「Invoice_ExcelInstance」がすでに設定されているので、この設定は不要です。

STEP／手順	STEP1／手順**1**	新手順	STEP2／手順**4**〜**6**	手順**7**〜**9**
項目	アクション	［書き込む値］の削除	［書き込む値］の設定	［行／列］変更
①住所	10の［Excelワークシートに書き込む］をダブルクリック	「%PostCode%」を削除	［Address］を選択	「6」→「7」
②2つ目の住所	11の［Excelワークシートに書き込む］をダブルクリック	「%PostCode%」を削除	［Address2］を選択	「6」→「8」
③会社名	12の［Excelワークシートに書き込む］をダブルクリック	「%PostCode%」を削除	［CompanyName］を選択し、続いて「%CompanyName%」のあとに「　御中」と入力して、「%CompanyName%　御中」とする。	「6」→「10」
④発注No.	13の［Excelワークシートに書き込む］をダブルクリック	「%PostCode%」を削除	［OrderNumber］を選択し、続いて「%OrderNumber%」のあとに「JPN」と入力して「%OrderNumber%JPN」とする。	「A」→「R」 「6」→「12」
⑤件名	14の［Excelワークシートに書き込む］をダブルクリック	「%PostCode%」を削除	［Title］を選択	「A」→「E」 「6」→「16」

ヒント

住所や注文書名が正常に入力されない場合

住所や注文書名が正常に入力されない原因としては、アクションの設定ミスやフロー実行時のエラーが考えられます。エラーペインの内容をもとに、アクションに設定しているExcelインスタンスや値に間違いがないか確認してください。

1 [保存]をクリックし、

2 [実行]をクリックします。

3 [請求書_ひな型.xlsx]が開き、住所、注文書名が入力されていることを確認します。

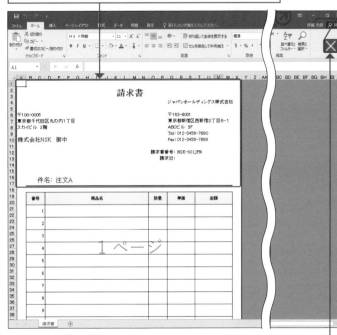

4 ☒をクリックして[請求書_ひな型.xlsx]を閉じます(保存確認のダイアログが表示されるので、[保存しない]をクリックします)。

5 [注文書01.xlsx]が開いていることを確認し、Excelを閉じます。

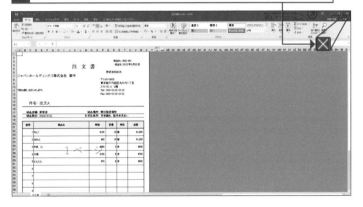

ここで学ぶこと

・セルの設定
・変数名変更
・アクションの複製

ここでは、[注文書01.xlsx]から注文情報を取得する方法を解説します。具体的には、商品名、単価、数量、金額といった情報になります。基本的な設定の流れは、Sec.34〜35で解説した内容とかわりません。

① データの追加取得を設定する①

ここでは、[注文書01.xlsx]の情報を取得するアクションを設定していきます。その設定のSTEPと手順を「商品名」を例に解説します。

商品名❶を取得する設定を行います。

Excelワークシートで赤く囲っているセル（D22セル）の商品名を取得する設定が、以下のSTEPになります。

	A	B	C	D	E	F	G	H	I	J	K	L	M	N	O	P	Q	R	S	T	U	V	W	X
7	ジャパンホールディングス株式会社　御中																							
8										〒100-0005														
9										東京都千代田区丸の内1丁目														
10										スカイビル 2階														
11	下記の通り、注文いたします。									Tel: 000-0123-0123														
12										Fax: 000-0123-0122														

件名: 注文A

納品店舗: 新宿店	納品場所: 弊社指定場所
納品期日: 2022/3/21	お支払条件: 月末締め、翌月末払い

番号	商品名	単価	数量	単位	金額
1	りんご	¥100	10	個	¥1,000
2	みかん	¥80	15	個	¥1,200

← D22セル

- STEP1 Excelワークシートから読み取るので、[Excelワークシートから読み取る]アクションを設定します（手順❶）。

- STEP2 [Excelインスタンス]に「Order_ExcelInstance」を設定します（手順❷〜❸）。

- STEP3 目的の商品名がD22セルに記載されているので、D22セルを設定します（手順❹〜❺）。

- STEP4 STEP3で商品名の変数が生成されますが、生成されたデフォルトの変数ではわかりづらいので、変数名を[Product]に変更します（手順❻〜❾）。

商品名を取得する設定は以上です。さらにここでは、以降の操作を効率化するため、この作成したアクションを複製します（手順❿〜⓯）。以降の具体的な手順でここまでの操作を確認してください。

解説

アクションの複製

[注文書01.xlsx]からデータを取得するため、[Excelワークシートから読み取る]アクションの設定を行います。その際、アクションペインから[Excelワークシートから読み取る]アクションをドラッグ＆ドロップするだけでなく、[Excelワークシートから読み取る]アクションを複製して設定することも可能です。

1 [Excel]内の[Excelワークシートから読み取る]を
アクション14の下にドラッグ＆ドロップします。

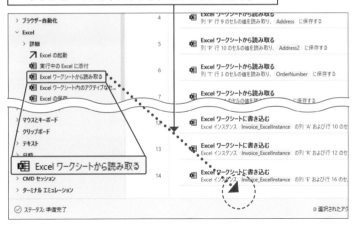

2 [Excel インスタンス]の ∨ をクリックし、

3 [%Order_ExcelInstance%]をクリックします。

4 [先頭列]に「D」と入力し、　**5** [先頭行]に「22」と入力して、

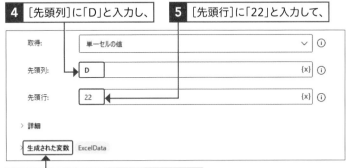

6 [生成された変数]をクリックします。

7 [ExcelData]をクリックします。

解説

変数名の変更

デフォルトの変数[ExcelData]では、どのデータなのかわかりづらいため、変数名を変更します。このアクションでは商品名を取得しているので、商品名を意味する「Product」という変数名を設定します（手順**8**参照）。

8 「Product」と入力し、

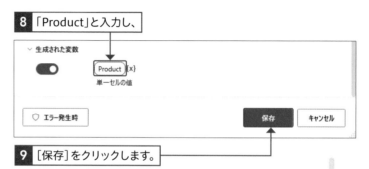

9 [保存]をクリックします。

10 アクション15の⋮をクリックし、

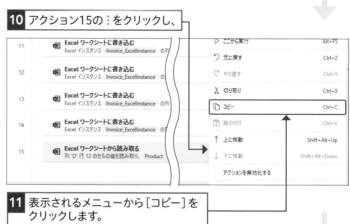

11 表示されるメニューから[コピー]を
クリックします。

12 アクション15の下にマウスを合わせて右クリックし、

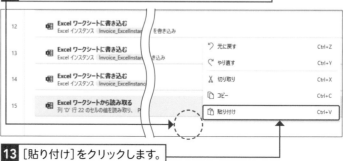

13 [貼り付け]をクリックします。

14 [Excelワークシートから読み取る]がアクション16に
複製されたことを確認し、

15 アクション16の下にマウスを合わせて手順**12**から**13**の
操作をもう1回行います。

16 アクション17に複製されていることを確認します。

14	**Excel ワークシートに書き込む** Excel インスタンス Invoice_ExcelInstance の列 'E' および行 16 のセルに値 Title を書き込み
15	**Excel ワークシートから読み取る** 列 'D' 行 22 のセルの値を読み取り、Product に保存する
16	**Excel ワークシートから読み取る** 列 'D' 行 22 のセルの値を読み取り、Product に保存する
17	**Excel ワークシートから読み取る** 列 'D' 行 22 のセルの値を読み取り、Product に保存する

② データの追加取得を設定する②

ここからは、そのほかのデータも同じような手順で設定していきます。P.152で複製した［Excelワークシートから読み取る］アクションを使って、効率的に作業を進めていきます。

本Sectionで行う残りの設定について

左のExcelワークシートで赤く囲っているセルの部分を取得する設定が、以下の表になります。前述したSTEPおよび手順を参考に、入力する数値や生成された変数の名称を変更するなどして、取得情報を設定してください。なお、複製した［Excelシートから読み取る］アクションは、「Order_ExcelInstance」がすでに設定されているので、この設定は不要です。

STEP／手順	STEP1／手順**1**	STEP2／手順**4**	手順**6**〜**9**
項目	アクション	［先頭列］変更	変数名変更
❶単価	16の［Excelワークシートから読み取る］をダブルクリック	「D」→「N」	［Product］→［UnitPrice］
❷数量	17の［Excelワークシートから読み取る］をダブルクリック	「D」→「Q」	［Product］→［Volume］

✏️ 補足 取得方法に関して

［Excelワークシートから読み取る］アクションには、4種類の取得設定があります。1つのセルを取得する場合は［単一セルの値］を設定します。複数のセルを取得する場合は［セル範囲の値］を設定します。現在選択しているセル範囲を取得する場合は［選択範囲の値］を設定します。シート全体の値を取得する場合は［ワークシートに含まれる使用可能なすべての値］を設定します。

③ データの追加取得を実行する

✦ 応用技

アクションの無効化

実行する必要がないアクションがある場合、アクションを無効化して実行しない設定にすることができます。ここでは、[注文書01.xlsx]からの追加取得を確認するので、[請求書_ひな型.xlsx]の処理は行わなくても問題ありません。アクションを無効化する方法は、無効化するアクションを右クリックし、[アクションを無効化する]をクリックします。また、複数のアクションをまとめて選択し、一括して無効化することも可能です。逆に、無効化したアクションを有効化する際は、同様の手順を行い、[アクションを有効化する]をクリックします。

複数のアクションをまとめて無効化する

アクションを無効化する

項目が薄くなる

無効化したアクションを有効化する

アクションを有効化する

---

1 [保存]をクリックします。　　**2** [実行]をクリックします。

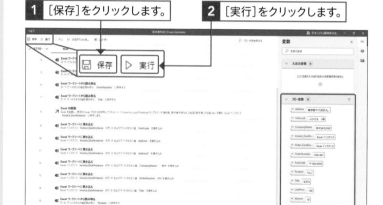

3 変数が格納されていることを確認します。

4 [注文書01.xlsx]が開くことを確認し、✕をクリックしてExcelを閉じます。

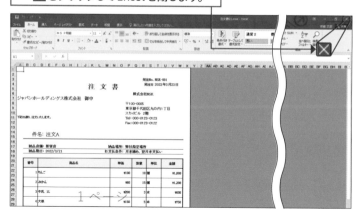

5 [請求書_ひな型.xlsx]が開くことを確認し、✕をクリックしてExcelを閉じます（保存確認のダイアログが表示されるので、[保存しない]をクリックします）。

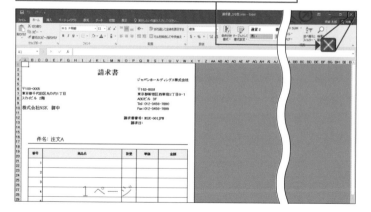

ここでは、[請求書_ひな型.xlsx]に情報を書き込むアクションを設定していきます。その設定のSTEPと手順を「商品名」を例に解説します。

商品名❶を書き込む設定を行います。

Excelワークシートで赤く囲っているセル（D21セル）に商品名を書き込む設定が、以下のSTEPになります。

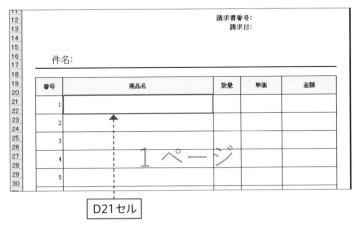

D21セル

- STEP1 Excelワークシートに書き込むので、[Excelワークシートに書き込む]アクションを設定します（手順❶）。

- STEP2 [Excel インスタンス]に「Invoice_ExcelInstance」を設定します（手順❷〜❸）。

- STEP3 [書き込む値]に「Product」を設定します（手順❹〜❻）。

- STEP4 目的の商品名を書き込む欄がD21セルなので、D21セルを設定します（手順❼〜❾）。

商品名を書き込む設定は以上です。さらにここでは、以降の操作を効率化するため、ここで作成したアクションを複製します（手順❿〜⓰）。ここまでを以降の具体的な手順で確認してください。

1 [Excel]内の[Excelワークシートに書き込む]をアクション17の下にドラッグ＆ドロップします。

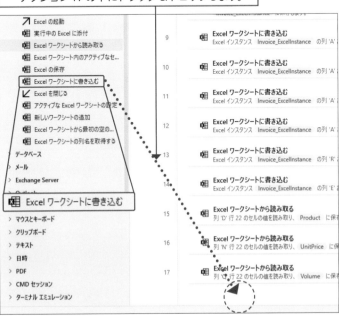

補足

Excelワークシートへの書き込みモード

[Excelワークシートに書き込む]アクションの[書き込みモード]には、書き込みセルを指定する[指定したセル上]と選択されているセルに書き込む[現在のアクティブなセル上]の2つがあります。[指定したセル上]の設定では書き込む行と列を設定します。[現在のアクティブなセル上]の設定では書き込む行と列の設定を行わず、選択されているセルに入力されます。また、PADでは[Excelワークシート内のセルを選択]アクションを使用してセルを選択することが可能なため、組み合わせることで任意のセルに書き込む設定が可能です。

Excelワークシートへの
書き込みモードは2種類

2 [Excel インスタンス]の ∨ をクリックし、

3 [%Invoice_ExcelInstance%]をクリックします。

4 [書き込む値]の {x} をクリックします。

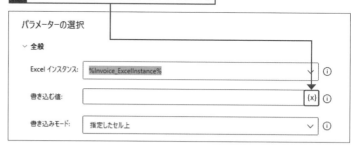

5 [Product]を選択し、

6 [選択]をクリックします。

7 [列]に「D」と入力し、

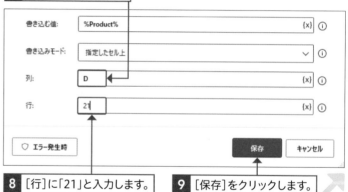

8 [行]に「21」と入力します。　**9** [保存]をクリックします。

貼り付け処理を計3回行う理由

ここから[数量][単価][金額]の3つのデータを入力する設定を行います。そのため、P.156で作成した商品名を入力する[Excelワークシートに書き込む]アクションを計3回複製する処理を行います。

10 アクション18の[Excelワークシートに書き込む]の右にある：をクリックし、

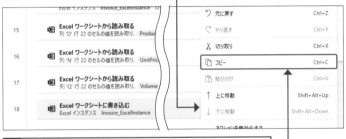

11 表示されるメニューから[コピー]をクリックします。

12 アクション18の下にマウスを合わせ右クリックし、

13 [貼り付け]をクリックします。

14 [Excelワークシートに書き込む]が複製されたことを確認し、

15 赤丸にマウスを合わせて手順**12**から**13**の操作をもう2回行い、[Excelワークシートに書き込む]を2つ追加します。

16 アクション20〜21に複製されていることを確認します。

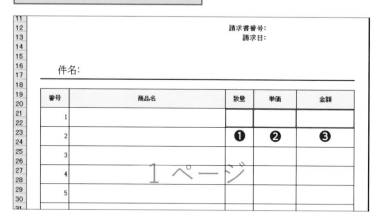

⑤ データの追加書き込みを設定する②

ここからは、そのほかのデータを同じような手順で追加していきます。P.157で複製した［Excelワークシートに書き込む］アクションを使って、効率的に作業を進めていきます。

本Sectionで行う残りの設定について

左のExcelワークシートで赤く囲っているセルの部分が設定箇所になり、以下の表になります。前述したSTEPおよび手順を参考に、入力する数値やファイル名を変更するなどして、書き込み情報を設定してください。なお、複製した［Excelワークシートに書き込む］アクションは、「Invoice_Excel Instance」がすでに設定されているので、この設定は不要です。

STEP／手順	STEP1／手順 **1**	STEP2／手順 **4** ～ **6**	手順 **7** ～ **9**
項目	アクション	［書き込む値］設定	［列］設定
❶数量	19の［Excelワークシートに書き込む］をダブルクリック	［Product］→［UnitPrice］に変更	「D」→「Q」に変更
❷単価	20の［Excelワークシートに書き込む］をダブルクリック	［Product］→［Volume］に変更	「D」→「O」に変更
❸金額	21の［Excelワークシートに書き込む］をダブルクリック	❶［Product］→［UnitPrice］に変更 ❷ {x}→［Volume］→［選択］をクリック ❸「%UnitPrice%%Volume%」→「%UnitPrice*Volume%」に変更 書き込む値: %UnitPrice*Volume%	「D」→「T」に変更

解説 21の[Excelワークシートに書き込む]の変数設定について

［請求書_ひな型.xlsx］の❸金額には［単価］と［数量］を乗算した値を入力します。そのため、単価を意味する変数［UnitPrice］と数量を意味する変数［Volume］を選択し、乗算の数式として「*」を利用します。つまり、「%UnitPrice*Volume%」と設定します。なお、PADの特性として、変数どうしで計算する際には「%変数名*変数名%」と設定するという決まりがあります。もし「%変数名%*%変数名%」と区切ってしまうと、変数が独立してしまい文字列の連結として設定されてしまうため注意が必要です。

演算の設定 / 連結の設定

注文情報を1件分処理しよう

6 Excel文書の作成を自動化しよう

⑥ 追加取得したデータをExcelへ書き込む

ヒント

注文情報が
正しく入力されない場合

注文情報が正しく入力されない原因としては、アクションの設定ミスやフロー実行時のエラーが挙げられます。エラーペインの内容をもとに、アクションに設定しているExcelインスタンスや値に間違いがないか確認してください。

1 [保存]をクリックします。

2 [実行]をクリックします。

3 [請求書_ひな型.xlsx]が開いており、注文情報が入力されていることを確認します。

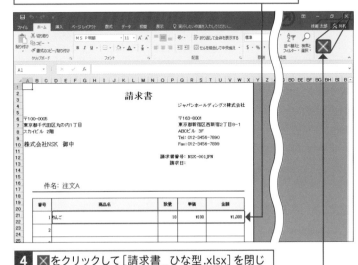

4 ☒をクリックして[請求書_ひな型.xlsx]を閉じます（保存確認のダイアログが表示されるので、[保存しない]をクリックします）。

5 [注文書01.xlsx]が開いていることを確認し、☒をクリックしてExcelを閉じます。

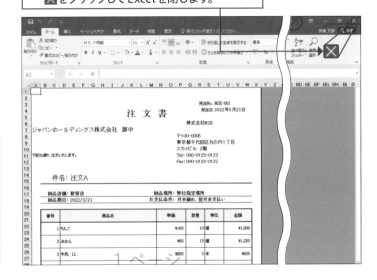

36 現在の日時を取得しよう

ここで学ぶこと

・現在の日時を取得
・yyyyMMdd形式
・タイムゾーン

ここでは、常に現在の日時が表示される日時の取得方法を解説します。取得された日時より、日付部分は「スラッシュ」で区切られているため、なじみのある「年月日」での区切りとなるよう設定を変更します。

① 現在日時の取得設定を行う

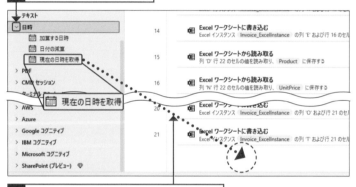

1 [日時]の > をクリックし、

💬解説

日時の取得方法

日時の取得方法は、[現在の日時][現在の日付のみ]の2つがあり、それぞれ変数値ビューアーで確認するとアメリカの表示形式になります。[現在の日時]の設定では現在の日時を取得可能です。[現在の日付のみ]の設定では現在の日付を取得し、時刻は12:00:00AMで固定されます。

2 [現在の日時を取得]をアクション21の下にドラッグ&ドロップします。

3 [保存]をクリックします。

[現在の日時]に設定した場合

[現在の日付のみ]に設定した場合

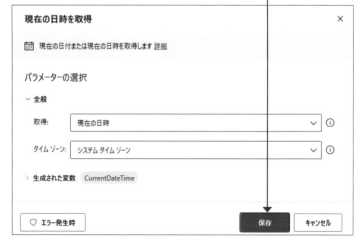

② 現在日時の取得を実行する

💬 解説

[ここから実行] を行う理由

[ここから実行] をクリックすることで、選択したアクションからフローを実行することが可能です。ここでは現在日時の取得処理のみを行うため、フロー最下部の[現在の日時を取得]アクションを対象に [ここから実行] をクリックします。

1 [保存]をクリックし、

2 アクション22の[現在の日時を取得]を右クリックして、

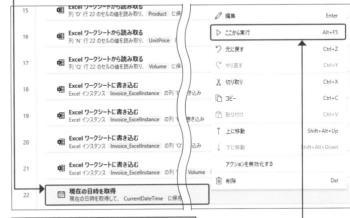

3 [ここから実行]をクリックします。

4 変数ペインの[CurrentDateTime]をダブルクリックします。

5 実行時の時刻が入力されていることを確認し、

6 [閉じる]をクリックします。

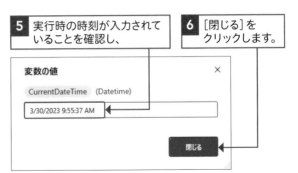

❸ 取得日時の形式の変更設定を行う

変数の型変換アクション

変数の型を変換するアクションは、[テキスト]グループに存在し、[テキストを数値に変換][数値をテキストに変換][テキストをdatetimeに変換][datetimeをテキストに変換]の4つがあります。四則演算や日時計算など、特定の変数の型でないと処理できない場合があるので、処理に合わせた設定が必要です。

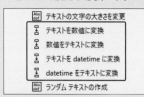

カスタム形式

[カスタム形式]にはyyyyMMdd形式で日時を、hhmmdd形式で時刻を設定します。

yyyy：year（年）の頭文字で、西暦4桁を表します。

MM：month（月）の頭文字で、月2桁を表します。minute（分）の頭文字もmなので、区別するために大文字のMとなっています。

dd：day（日）の頭文字で、日2桁を表します。

hh：hour（時）の頭文字で、時2桁を表します。

mm：minute（分）の頭文字で、分2桁を表します。

ss：second（秒）の頭文字で、秒2桁を表します。

上記の形式と任意の文字を組み合わせて設定し、設定の例が[サンプル]に表示されます。

1 ［テキスト］の 〉 をクリックし、

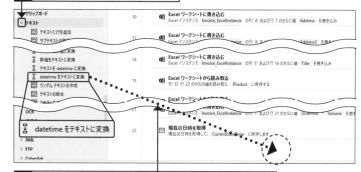

2 ［datetimeをテキストに変換］をアクション22の下にドラッグ＆ドロップします。

3 ［変換するdatetime］の {x} をクリックします。

パラメーターの選択

変換する datetime: | {x} ⓘ

使用する形式: 標準 ⌄ ⓘ

4 ［CurrentDateTime］をクリックします。

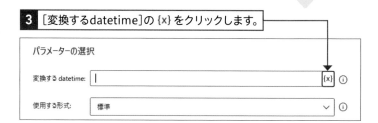

5 ［選択］をクリックします。

6 ［使用する形式］の ⌄ をクリックし、

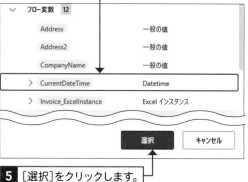

使用する形式: 標準 ⌄ ⓘ
　　　　　　　標準
標準形式: カスタム ⓘ
サンプル 2020/05/19

7 ［カスタム］をクリックします。

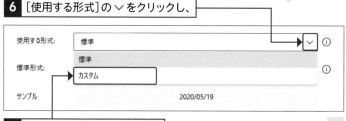

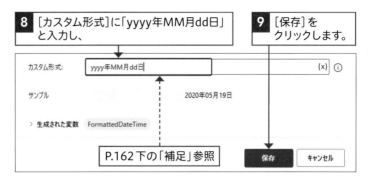

P.162下の「補足」参照

④ 日時取得から形式変更まで実行する

💬 解説

[ここから実行] を行う理由

[ここから実行] をクリックすることで、選択したアクションからフローを実行することが可能です。ここでは現在日時の取得と、取得日時をテキスト変換する処理を行うため、[現在の日時を取得] アクションを対象に [ここから実行] をクリックします。

💡 ヒント

現在の日付が正しく格納されない場合

現在の日付が正しく格納されない原因としては、アクションの設定ミスやフロー実行時のエラーが挙げられます。エラーペインの内容をもとに、アクションに設定している値に間違いがないか確認してください。

1 [保存]をクリックします。

2 アクション22の[現在の日時を取得]を右クリックして、

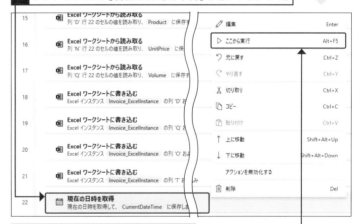

3 [ここから実行]をクリックします。

4 変数ペイン[FormattedDateTime]に現在の日付が格納されていることを確認します。

Section

37 請求書に日時を書き込もう

ここで学ぶこと

・請求日
・FormattedDateTime
・列の数値設定

ここでは、［請求書_ひな型.xlsx］に日時を書き込む設定を解説します。とくに難しい設定はなく、これまでの設定と同様、該当セルを間違いなく指定するのがポイントとなります。

① 日時の書き込みを設定する

解説

書き込む値及び入力セルの設定

［請求書_ひな型.xlsx］のR13セルに日時を入力する設定を行います。日時を書き込む設定を行うため、日時を意味する変数［FormattedDateTime］を選択します。［列］には「R」を設定し、［行］には「13」を設定します。

R13

1 ［Excel］内の［Excelワークシートに書き込む］をアクション23の下にドラッグ＆ドロップします。

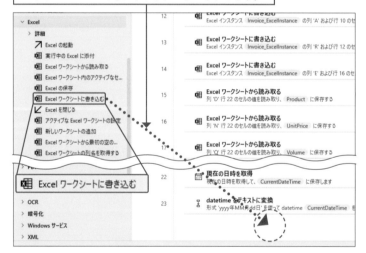

2 ［Excel インスタンス］の ∨ をクリックし、

3 ［%Invoice_ExcelInstance%］をクリックします。

✦ 応用技

列番号による設定

[列] を設定する際、[A] [B] という列名での設定だけでなく、[1] [2] という列番号でも設定することが可能です。列番号に関しては、一番左のA列から [A列=1] [B列=2] となっており、この数値で設定する際は、半角数値で設定してください。全角数値だと設定することができません。

例) 金額を入力するT列を数値で設定する場合、20と設定します。

4 [書き込む値] の {x} をクリックします。

5 [FormattedDateTime]をクリックします。

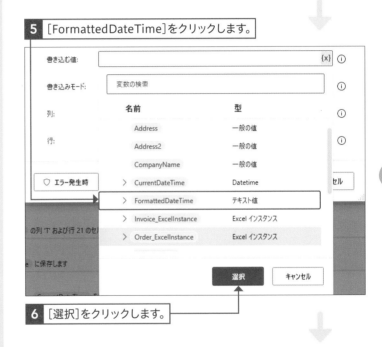

6 [選択]をクリックします。

7 [列]に「R」と入力し、　　**8** [行]に「13」と入力します。

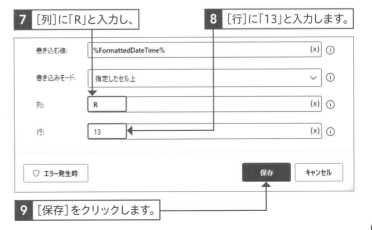

9 [保存]をクリックします。

② ここまで作成したフローを実行する

ヒント

請求日が正しく入力されない場合

請求日を正しく入力できない原因としては、アクションの設定ミスやフロー実行時のエラーが挙げられます。エラーペインの内容をもとに、アクションに設定している値に間違いがないか確認してください。

1 [保存]をクリックします。

2 [実行]をクリックします。

3 [請求書_ひな型.xlsx]が開いており、請求日(現在の日付)が入力されていることを確認し、

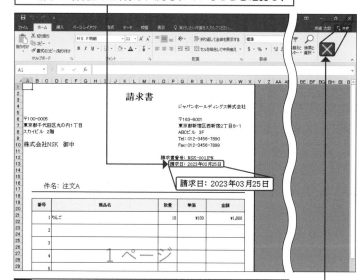

請求日: 2023年03月25日

4 ⊠をクリックして[請求書_ひな型.xlsx]を閉じます(保存確認のダイアログが表示されるので、[保存しない]をクリックします)。

5 同時に[注文書01.xlsx]が開いていることを確認し、⊠をクリックしてExcelを閉じます。

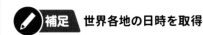

補足 世界各地の日時を取得

[現在の日時を取得]アクションの[タイムゾーン]には[システムタイムゾーン]と[特定のタイムゾーン]の2つがあります。[システムタイムゾーン]の設定では、パソコンで設定された日時を取得します。パソコンで設定された日時は「設定」アプリの[時刻と言語]→[日付と時刻]から確認することが可能です。[特定のタイムゾーン]の設定では、[国/地域]の設定が表示され、日時を取得する国や地域を設定します。

パソコンで設定された日時

[システムタイムゾーン]の設定

[特定のタイムゾーン]の設定

[国/地域]を[Asia/Tokyo]に設定

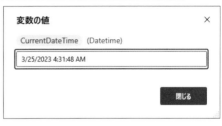

[国/地域]を[Asia/Hong_Kong]に設定

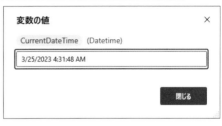

Section

38 2つのExcelファイルを 自動で閉じよう

ここで学ぶこと

- Excelを閉じる
- 保存
- フロー実行を続ける

ここまでは、フローを実行すると表示されていたExcelファイルを、都度、手動で閉じていました。ここでは表示されたExcelファイルが自動的に閉じる設定を行います。1つは保存せず終了し、もう1つは名前を付けて保存します。

① Excelを保存しないで閉じる設定を行う

🗨 解説

Excelインスタンスおよび閉じる設定

[注文書01.xlsx]の内容は何も変更がないため、保存せずに閉じる設定を行います。[Excelインスタンス]は変数[Order_ExcelInstance]を設定します。[Excelを閉じる前]に関しては、[注文書01.xlsx]を保存せず閉じるため、[ドキュメントを保存しない]を設定します。

✏ 補足

ドキュメントを保存しない

手順2の画面では、[Excelを閉じる前]の右の項目が見えませんが、デフォルトでは[ドキュメントを保存しない]になっています。したがってとくに設定は行わず、操作を進めています。

1 [Excel]内の[Excelを閉じる]をアクション24の下にドラッグ＆ドロップします。

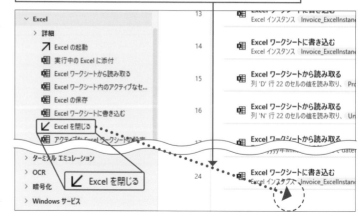

2 [Excelインスタンス]の∨をクリックし、

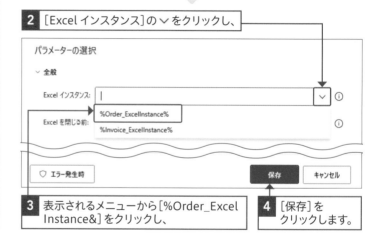

3 表示されるメニューから[%Order_ExcelInstance&]をクリックし、

4 [保存]をクリックします。

解説

Excelインスタンス及び閉じる設定

[請求書_ひな型.xlsx]の内容は各データを入力して変更があるため、保存して閉じる設定を行います。[Excelインスタンス]は変数[Invoice_ExcelInstance]を設定します。[Excelを閉じる前]に関しては、[請求書_ひな型.xlsx]を名前を付けて保存するため、[名前を付けてドキュメントを保存]を設定します。

補足

エラー発生時の設定

手順2の画面で左下の[エラー発生時]をクリックすると、このアクションでエラーが発生した際の処理を設定することが可能です。デフォルトでは[フローエラー]が設定されており、エラーが発生するとフローが停止するようになっています。[フロー実行を続行する]を設定すると、このアクションでエラーが発生した場合でも、フローが停止せず処理を継続します。この設定項目は[次のアクションに移動][アクションの繰り返し][ラベルに移動]の3つがあります。それぞれの動作は以下のとおりです。

次のアクションに移動：次のアクションを実行します。

アクションの繰り返し：このアクションを繰り返し実行します。

ラベルに移動：設定したラベルに移動します。

1 [Excel]内の[Excelを閉じる]をアクション25の下にドラッグ＆ドロップします。

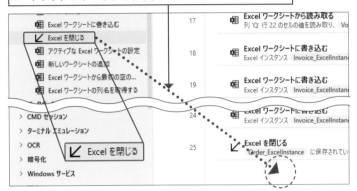

2 [Excelインスタンス]の∨をクリックし、

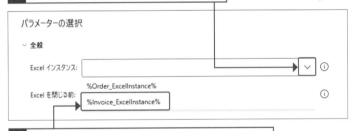

3 [%Invoice_ExcelaInstance%]をクリックします。

4 [Excelを閉じる前]の∨をクリックし、

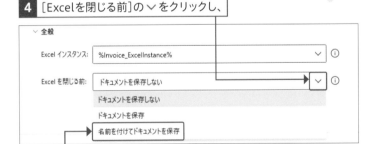

5 [名前を付けてドキュメントを保存]をクリックします。

6 [ドキュメントパス]の🗋をクリックします。

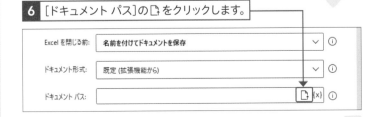

6

Excel文書の作成を自動化しよう

補足

保存ファイル名の設定

ここでは[test]というファイル名で保存するため、[ファイル名(N)]に「test」と入力します。拡張子の入力は不要です。

補足

Excelを上書き保存して閉じる場合

[Excelを閉じる前]には[ドキュメントを保存しない][名前を付けてドキュメントを保存]のほかに[ドキュメントを保存]があります。ファイル名は変えず、上書き保存をしてExcelを閉じる場合には[ドキュメントを保存]を設定します。

7 [デスクトップ]をクリックし、[サンプルデータ]→[第6章_請求書作成]→[03_作成済請求書]とダブルクリックします。

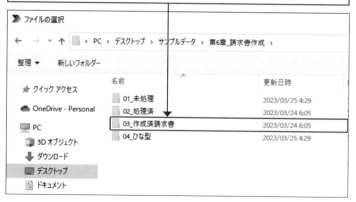

8 「test」と入力し、

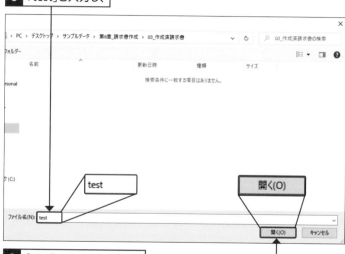

9 [開く]をクリックします。

10 [保存]をクリックします。

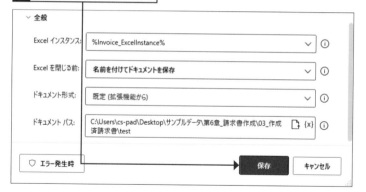

💡 ヒント

**[test.xlsx] が
正しく保存されない場合**

[test.xlsx] が正しく保存されない原因と
しては、アクションの設定ミスやフロー
実行時のエラーが挙げられます。エラー
ペインの内容をもとに、アクションに設
定しているファイルパスに間違いがない
か確認してください。

1 [保存]をクリックします。

2 [実行]をクリックします。

3 [03_作成済請求書] フォルダー内に [test.xlsx] が
保存されていることを確認します。

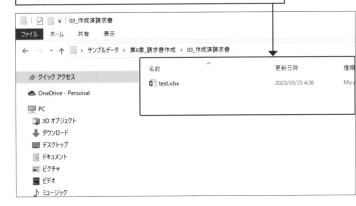

4 タスクバーに Excel が開かれていないこと (アクティブな
アイコンがないこと) を確認します。

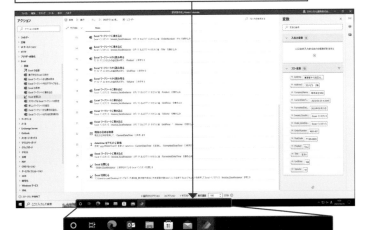

注文情報を複数件分処理しよう

ここで学ぶこと

・ループ
・条件
・if

ここでは[注文書01.xlsx]に記載されている商品のデータを繰り返し取得し、さらに取得したデータを繰り返し書き込む設定を解説します。設定自体は難しくありませんが、設定する項目が多いので慎重な操作が求められます。

① 繰り返し設定を行う

ここでは[注文書01.xlsx]に記載されている注文情報を繰り返し処理する範囲の設定を行います。22～40行目の範囲で2行ごとに注文情報が記載されているので、開始行と終了行および1商品ごとの行数を[Loop]アクションに設定します。

2行で注文情報が記載されている

💬 解説

繰り返し処理

ここでは、データを繰り返し複数書き込む処理を行うため、[Loop]アクションを利用します。

1 [ループ]の > をクリックし、

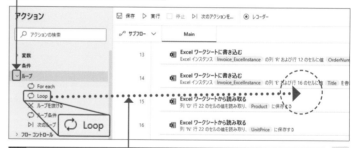

2 [Loop]アクションを14と15の間にドラッグ&ドロップします。

解説

各項目の値設定

[開始値]に関しては、最初の商品情報の行番号である「22」を設定します。[終了]に関しては、最後の商品情報の行番号である「40」を設定します。[増分]に関しては、2行で1つの商品情報が記載されているため、1つの商品情報ごとの行数である「2」を設定します。

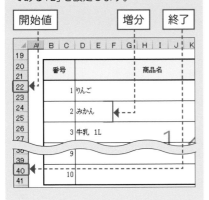

3 [開始値]に「22」と入力し、

4 [終了]に「40」と入力して、

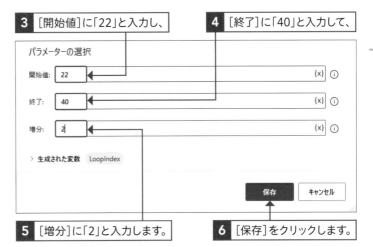

5 [増分]に「2」と入力します。

6 [保存]をクリックします。

補足 生成された変数に関して

[生成された変数]の変数[LoopIndex]には処理対象の行番号が格納されます。ここでは[開始値]が22で[増分]が2であるため、繰り返しの1回目は22、2回目は24、3回目は26と値が変化していきます。繰り返しごとに値が変化する変数を、繰り返し設定に使用していきます。

② Excelから繰り返しデータを取得する設定準備を行う

解説

繰り返しアクションの移動

[Loop]アクションの設定が完了したので、繰り返しアクションを[Loop]アクションに含まれるよう移動します。繰り返す処理は、注文書からデータを取得するアクションと、[請求書_ひな型.xlsx]にデータを書き込むアクションです。1つの注文書で1回のみ処理を行う注文情報処理や日時処理は繰り返さないので、アクション24〜25の移動は行いません。

1 アクション17の[Excelワークシートから読み取る]をクリックし、

2 Shiftを押しながら、アクション23の[Excelワークシートに書き込む]をクリックします。

3 選択したアクション17〜23を、アクション15と16の間にドラッグ&ドロップします。

③ Excelから繰り返しデータを取得する設定変更を行う

繰り返しアクションの移動が完了したので、繰り返し処理を行うよう、設定を変更します。複数のアクションを選択していても、設定ダイアログは1つのアクションしか表示できないため、複数のアクションをまとめて変更することはできません。そのため、アクションの内容を1つずつ変更していきます。

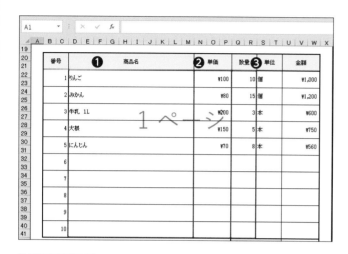

左のExcelワークシートで赤く囲っているセルの部分が設定箇所になり、以下の表の手順で設定を行っていきます。

STEP／手順	STEP1 アクションの表示	STEP2［先頭行］の設定（それぞれの［先頭列］の変更は不要）
❶商品名	16の［Excelワークシートから読み取る］をダブルクリック	① 「22」を削除 ② {x} →［LoopIndex］→［選択］をクリック ③ ［保存］をクリック
❷単価	17の［Excelワークシートから読み取る］をダブルクリック	① 「22」を削除 ② {x} →［LoopIndex］→［選択］をクリック ③ ［保存］をクリック
❸数量	18の［Excelワークシートから読み取る］をダブルクリック	① 「22」を削除 ② {x} →［LoopIndex］→［選択］をクリック ③ ［保存］をクリック

④ 自動でExcelから繰り返しデータを取得する

補足

値を繰り返し読み取る

上記STEP2では読み取り行を22から［LoopIndex］へ変更しました。これにより変数［LoopIndex］の値に合わせた行を読み取ることができるようになりました。ここでは22から40まで2ずつ増えるように設定しているため、Excelの22行目、24行目、26行目・・・40行目といった形で順番に値を読み取ります。

1 ［保存］をクリックし、

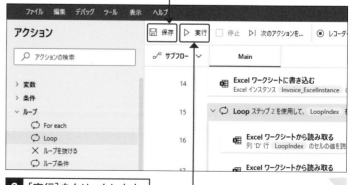

2 ［実行］をクリックします。

解説

エラーの原因

ここで発生したエラーの原因は、データが存在しない空白セルを対象に数量と単価の計算を行ってしまったからです。[注文書01.xlsx]の22〜30行目まではデータが存在するので、数量と単価の計算を正常に行っていましたが、32行目にはデータが存在しないので空白の数量と空白の単価で乗算をしてしまい、エラーが発生したというわけです。逆にこのエラーが発生すれば、2件目以降のデータを繰り返し取得できているということになるので安心してください。エラーの修正はP.179で行います。

3 途中で実行が中断し、エラーペインが表示され、[演算子 ' * ' を 'テキスト値' に適用できません。]となっていることを確認してください。

4 [請求書_ひな型.xlsx]が開くことを確認し、✕をクリックしてExcelを閉じます（保存確認のダイアログが表示されるので、[保存しない]をクリックします）。

5 [注文書01.xlsx]が開くことを確認し、✕をクリックしてExcelを閉じます。

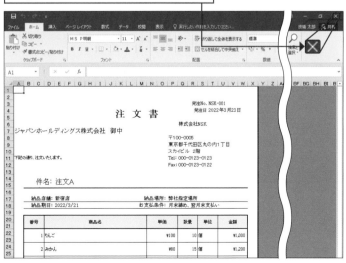

⑤ 取得したデータを繰り返し書き込む設定を行う

［請求書_ひな型.xlsx］には1件のみデータが入力されています。［請求書_ひな型.xlsx］に入力する処理は繰り返しの設定を行っていないので、［注文書01.xlsx］から繰り返し取得したデータを、21行目に繰り返し上書きする処理が行われています。1件のみ入力されている処理結果になっているため、以降で複数件入力の設定を行います。

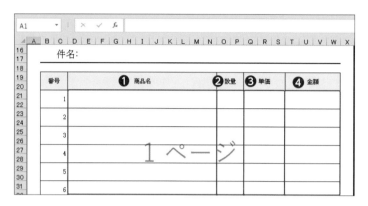

左のExcelワークシートで赤く囲っているセルの部分が設定箇所になり、以下の表の手順で設定を行っていきます。

STEP／手順	STEP1 アクションの表示	STEP2 ［行］の設定 （それぞれの［列］の変更は不要）	備考
❶商品名	19の［Excelワークシートに書き込む］をダブルクリック	❶「21」を削除 ❷{x}→［LoopIndex］→［選択］をクリック ❸「%LoopIndex%」→「%LoopIndex-1%」に変更 （2つ目の%の前に-1を入力） ❹［保存］をクリック	STEP2は、繰り返し処理する中で変動していく行の設定を変更するため、［行］を1件目の「21」から、繰り返す行番号を意味する変数［LoopIndex］に変更します。また、［請求書_ひな型.xlsx］は開始行が21行目ですが、［注文書01.xlsx］の開始行は22行目なので、差分が1となります。そのため、変数［LoopIndex］に対して-1を設定します。
❷数量	20の［Excelワークシートに書き込む］をダブルクリック	❶「21」を削除 ❷{x}→［LoopIndex］→［選択］をクリック ❸「%LoopIndex%」→「%LoopIndex-1%」に変更 （2つ目の%の前に-1を入力） ❹［保存］をクリック	
❸単価	21の［Excelワークシートに書き込む］をダブルクリック	❶「21」を削除 ❷{x}→［LoopIndex］→［選択］をクリック ❸「%LoopIndex%」→「%LoopIndex-1%」に変更 （2つ目の%の前に-1を入力） ❹［保存］をクリック	
❹金額	22の［Excelワークシートに書き込む］をダブルクリック	❶「21」を削除 ❷{x}→［LoopIndex］→［選択］をクリック ❸「%LoopIndex%」→「%LoopIndex-1%」に変更 （2つ目の%の前に-1を入力） ❹［保存］をクリック	

⏰ 時短 コピー＆ペーストを活用する

上記表のSTEP2では、細かく設定方法を記載していますが、コピー＆ペーストを活用する方法もあります。❶商品名のSTEP2で、「%LoopIndex-1%」を設定したら、これを選択してCtrl + Cでコピーします。❷数量以降のSTEP2の設定では、「21」を選択してCtrl + Vでペーストします。好みの方法で設定を行ってください。

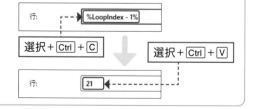

⑥ 自動で繰り返し書き込みを行う

📝 補足

エラーの原因

ここで発生したエラーの原因は、P.175のデータの繰り返し取得設定後のフロー実行のエラーと同じです。[注文書01.xlsx]のデータが存在しない32行目で乗算の計算を行ってしまったので、エラーが発生してしまいました。

1 [保存]をクリックします。

2 [実行]をクリックします。

3 途中で実行が中断し、エラーペインが表示され、[演算子'＊'が'テキスト値'に適用できません。]となっていることを確認してください。

4 [請求書_ひな型.xlsx]が開くことを確認し、注文情報が入力されていることを確認します。

💬 解説

[請求書_ひな型.xlsx]への繰り返し入力

[注文書01.xlsx]から繰り返し取得したデータを、[請求書_ひな型.xlsx]の21行目から2行ごとに繰り返し入力する処理を行っています。そのため、[請求書_ひな型.xlsx]は手順**4**の画面のように、[注文書01.xlsx]に存在する5件のデータが入力されています。

5 ✕をクリックして、[請求書_ひな型.xlsx]を閉じます（保存確認のダイアログが表示されるので、[保存しない]をクリックします）。

ヒント

注文情報が入力されない場合

[請求書_ひな型.xlsx]に正しく入力できない原因としては、アクションの設定ミスやフロー実行時のエラーが挙げられます。エラーペインの内容をもとに、アクションに設定しているファイルパスに間違いがないか確認してください。

型	説明
❶	Excelに書き込めませんでした。

6 [注文書01.xlsx]が開くことを確認し、☒をクリックしてExcelを閉じます。

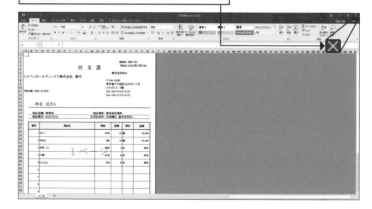

補足 エラーペインの詳しい見方

エラーペインは変数ペインと同様に、エラー内容をダブルクリックすることで詳細な情報を確認することが可能です。[エラーメッセージ]と[エラーの詳細]の内容を確認し、エラーを解決していきます。なお、エラーによって[エラーの詳細]が表示されるケースとされないケースがあります。これは、PADの内部的な問題の場合(変数設定が正しくできない、計算ができないなど)は表示されず、外部的な問題の場合(UI要素が選択できなかった、開くファイルが存在しなかったなど)に表示されるためです。

[エラーの詳細]が存在しない場合

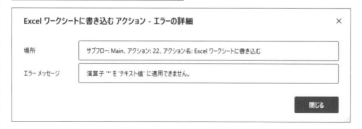

[エラーの詳細]が存在する場合

🗨 解説

繰り返しの終了条件設定

繰り返しの終了条件を、商品名が空白だった場合と定めます。そのため、[最初のオペランド]に商品名を意味する変数[Product]を設定し、[2番目のオペランド]に空白文字を意味する「%''%」('' は半角のシングルクォーテーションが続けて2つです)を設定します。2つの値が等しい条件を設定するので、[演算子]は[と等しい(=)]から変更しません。

1 [条件]の > をクリックし、

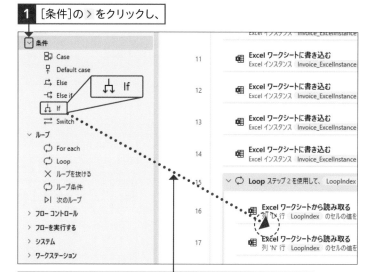

2 [If]をアクション16と17の間にドラッグ&ドロップします。

3 [最初のオペランド]の {x} をクリックします。

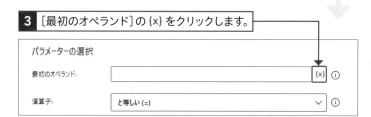

4 [Product]をクリックして、

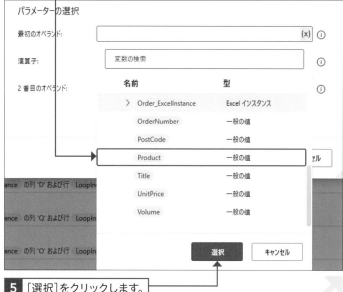

5 [選択]をクリックします。

解説

[ループを抜ける] アクション

[ループを抜ける]アクションは[Loop]
[For each][ループ条件]の3つの繰り返しアクションと[End]アクションの間にのみ設定することが可能です。[ループを抜ける]アクションが実行されると、繰り返しアクションの[End]アクションの次に進み、繰り返しが終了されます。[ループを抜ける]アクションを繰り返しのアクション外に設定すると、エラーとなってしまいます。

補足

[ループを抜ける] アクションの設定項目は存在しない

[ループを抜ける]アクションには設定項目がなく、設定画面を表示してもアクションの説明が表示されるのみです。そのため、[ループを抜ける]アクションが手順9のように、フローに設定されていれば問題ありません。下図は[ループを抜ける]フローをダブルクリックして表示したものです。

---

6 [2番目のオペランド]に、「%''%」('' は半角のシングルクォーテーションが続けて2つ)と入力し、

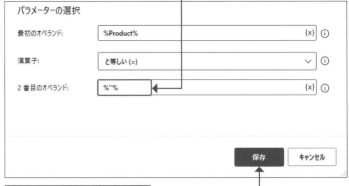

7 [保存]をクリックします。

8 [ループ]内の[ループを抜ける]をアクション17と18の間にドラッグ&ドロップします。

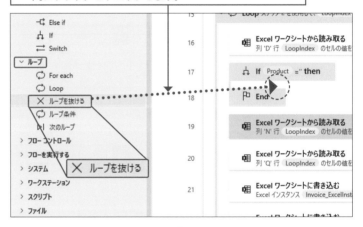

9 [ループを抜ける]は設定画面が表示されません。フロー内に配置されることを確認します。

1 [保存]をクリックし、

2 [実行]をクリックします。

3 実行が中断せず、エラーペインが表示されていないことを確認します。

4 [03_作成済請求書]フォルダー内に[test.xlsx]が保存されていることを確認し、ダブルクリックで開きます。

5 [test.xlsx]が開くことを確認し、商品情報が入力されていることを確認します。

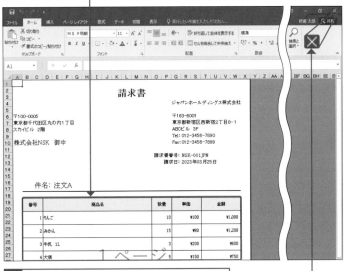

6 ✕をクリックして、[test.xlsx]を閉じます。

[test.xlsx]が正常に保存されない場合

[test.xlsx]が右図のように正しく保存されない原因としては、アクションの設定ミスやフロー実行時のエラーが挙げられます。エラーペインの内容をもとに、アクションに設定しているファイルパスに間違いがないか確認してください。

Excel ドキュメント 'C:\Users\ | 請求書\test' を保存できませんでした。

商品情報が正しく入力されない場合

商品情報が手順**5**のように正しく入力されない原因としては、アクションの設定ミスやフロー実行時のエラーが挙げられます。エラーペインの内容をもとに、アクションに設定している値に間違いがないか確認してください。

40 | 小計や合計の計算をしよう

ここで学ぶこと

- 変数の初期設定
- 乗算
- 四則演算

ここでは、Sec.39で取得した値をもとに足し算や掛け算を行いながら、[請求書_ひな型.xlsx]に入力する設定を行っていきます。この方法をマスターすることで引き算や割り算など、ほかの演算も行うことができるようになります。

① 変数を新規作成・計算する

💬 解説

小計変数の初期設定

ここでは、小計の初期設定を行います。具体的には、変数名と初期値の設定のみ行い、小計の値を設定する処理は商品ごとに繰り返す[Loop]アクションの中で行います。初期設定を[Loop]アクションの中で行ってしまうと、繰り返すたびに小計の値が初期化されてしまうので、[Loop]アクションの前に[変数の設定]アクションをドラッグ&ドロップします。また、デフォルトの変数[NewVar]をわかりやすい変数名に変更します。そのため、小計を意味する変数名として[TotalPrice]という変数名を設定します。

1 [変数]の > をクリックし、

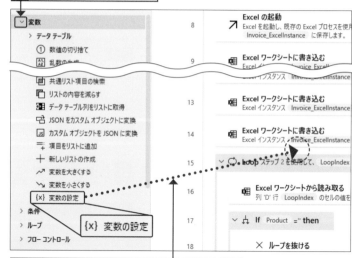

2 [変数の設定]をアクション14と15の間にドラッグ&ドロップします。

3 [NewVar]をクリックします。

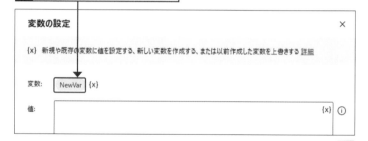

解説

小計の初期値設定

手順**4**では、小計を意味する変数［Total Price］の初期値を設定します。何も計算を行っていない状態の小計は0円なので、［値］に「0」と入力します。計算可能な変数の型である数値の「0」を設定するので、半角で入力してください。全角で「０」と入力してしまうと、計算不可能な変数の型であるテキスト値型になってしまいます。

解説

小計の計算を行うアクションの設定位置

小計の計算を行う［変数を大きくする］アクションを、すべての入力アクションの次にドラッグ＆ドロップします。［変数を大きくする］アクションの設定位置に関しては、小計を求める際に必要となる、単価を意味する変数［UnitPrice］と数量を意味する変数［Volume］の取得後であれば、問題ありません。ここではデータ取得→データ入力→小計計算という流れで設定するため、［変数を大きくする］アクションを、データ入力を行う［Excelワークシートに書き込む］アクションの次に設定しています。

4 「TotalPrice」と入力し、

5 ［値］に「0」と入力して、

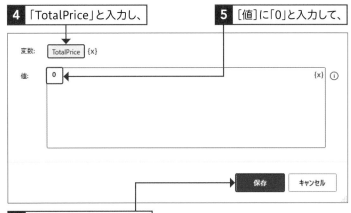

6 ［保存］をクリックします。

7 下にスクロールし、

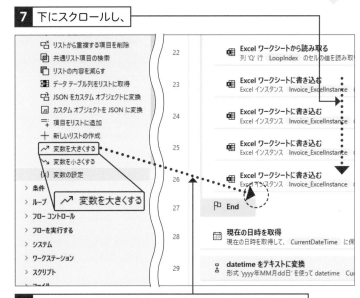

8 ［変数］内の［変数を大きくする］をアクション26と27の間にドラッグ＆ドロップします。

9 ［変数名］の{x}をクリックします。

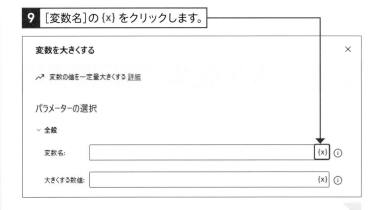

変数名の設定

[変数名を大きくする]アクションでは、「単価*数量」の結果を小計に加算していく設定を行います。[変数名]には加算対象となる変数を設定するため、小計を意味する変数[TotalPrice]を設定します。

大きくする数値の設定

[大きくする数値]には加算する値である、「単価*数量」の結果を設定します。そのため、まずは単価を意味する変数[UnitPrice]と数量を意味する変数[Volume]を設定します。

---

10 [TotalPrice]をクリックします。

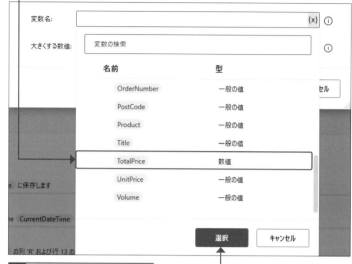

11 [選択]をクリックします。

12 [大きくする数値]の {x} をクリックし、

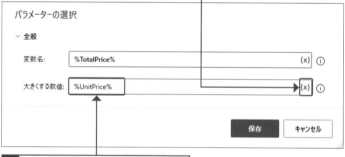

13 同様に[UnitPrice]を選択します。

14 続けて {x} をクリックし、[Volume]を選択します。

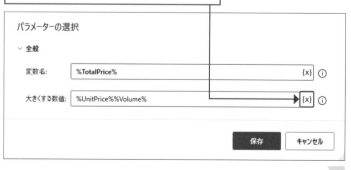

解説

乗算の設定

手順15では、単価を意味する変数［UnitPrice］と数量を意味する変数［Volume］での乗算設定を行うため、乗算の数式「*」を変数の間に入力します。P.158の解説を参考に、正しい計算式になるよう「%変数名*変数名%」の形である「%UnitPrice*Volume%」と設定します。

15 「%UnitPrice%%Volume%」の「%%」を削除し、「*」と入力して、

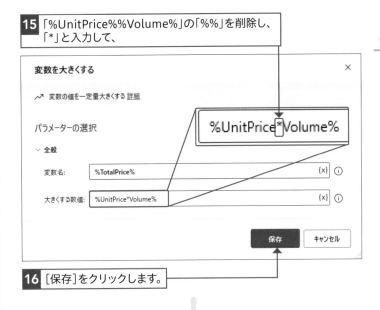

16 ［保存］をクリックします。

17 ［保存］をクリックします。

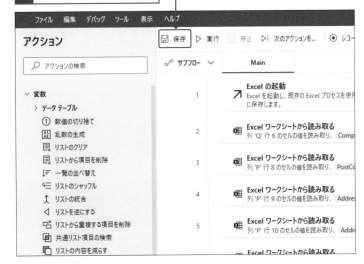

✏️ 補足　四則演算の設定

これまでの手順で設定した乗算以外にも加算、減算、除算を設定することが可能です。設定方法は乗算と同様で、加算を表す数式「+」、減算を表す数式「-」、除算を表す数式「/」を使用します。四則演算は変数どうしだけでなく、変数と数値での設定も可能です。

加算の設定	減算の設定	除算の設定
大きくする数値: %UnitPrice +100%	大きくする数値: %UnitPrice -100%	大きくする数値: %UnitPrice /100%

② 取得した値を計算して書き込む①小計

解説

書き込む値の変数設定

ここでは、小計を書き込む設定を行うため、小計を意味する変数 [TotalPrice] を選択します。

1 [Excel] 内の [Excel ワークシートに書き込む] をアクション28と29の間にドラッグ&ドロップします。

2 [Excel インスタンス] の ∨ をクリックし、

Excel ワークシートに書き込む ×

Excel インスタンスのセルまたはセル範囲に値を書き込みます 詳細

パラメーターの選択

∨ 全般

Excel インスタンス: | ∨ ⓘ

書き込む値: %Order_ExcelInstance% ⓘ
%Invoice_ExcelInstance%

書き込みモード: 指定したセル上 ∨ ⓘ

3 表示されるメニューから [Invoice_ExcelInstance] をクリックします。

4 [書き込む値] の {x} をクリックします。

∨ 全般

Excel インスタンス: %Invoice_ExcelInstance% ∨ ⓘ

書き込む値: {x} ⓘ

書き込みモード: 指定したセル上 ∨ ⓘ

解説

入力セルの設定

[請求書_ひな型.xlsx]のT41セルに小計を入力する設定を行います。そのため、[列]には「T」を設定し、[行]には「41」を設定します。

T41

5 [TotalPrice]をクリックします。

6 [選択]をクリックします。

7 [列]に「T」と入力し、 **8** [行]に「41」と入力して、

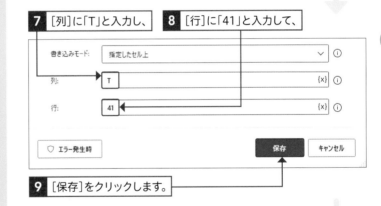

9 [保存]をクリックします。

10 アクション29の[Excelワークシートに書き込む]の右の⋮をクリックし、

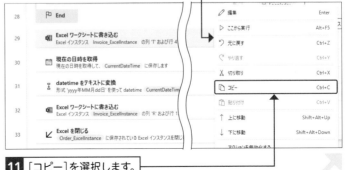

11 [コピー]を選択します。

貼り付け回数を計2回行う理由

このあと［消費税］と［合計］の2データを入力する設定を行うため、小計を入力する［Excelワークシートに書き込む］アクションを計2回複製する処理を行います。

12 アクション29と30の間にマウスを合わせ右クリックし、

13 ［貼り付け］をクリックします。

14 同じ場所で手順**12**と**13**をもう1回行います。

③ 取得した値を計算して書き込む②消費税・合計

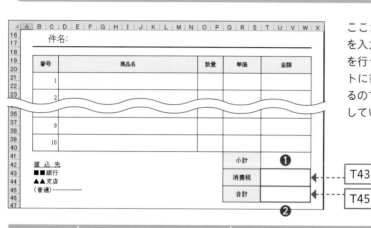

ここからは、［消費税］と［合計］の2データを入力する設定を解説します。効率的な設定を行うため、手順**11**〜**14**で［Excelワークシートに書き込む］アクションを2回複製しているので、この複製したアクションに設定を施していきます。

STEP／手順	STEP1 アクションの表示	STEP2 ［書き込む値］の設定	STEP3 ［行］の設定（それぞれの［列］の変更は不要）
❶消費税	30の［Excelワークシートに書き込む］をダブルクリック	❶「%TotalPrice%」→「%TotalPrice*0.1%」に変更	❶「41」→「43」に変更 ❷［保存］をクリック
❷合計	31の［Excelワークシートに書き込む］をダブルクリック	❶「%TotalPrice%」→「%TotalPrice+TotalPrice*0.1%」に変更	❶「41」→「45」に変更 ❷［保存］をクリック

STEP2の設定について

消費税を書き込む設定では、小計の10%を消費税と定めるため、「0.1」を乗算した値になります。そのため、設定済みの小計を意味する変数［TotalPrice］に加えて「*0.1」を入力します。設定の際は「%変数名%」というルールのもと、「%TotalPrice*0.1%」とする必要があります。「%TotalPrice%*0.1」と設定してしまうと乗算ではなく、文字列の連結設定になってしまいます。また合計を書き込む設定では、小計と消費税を加算した値になるため、前述した設定を施したのち、消費税と小計の加算を意味する「TotalPrice+TotalPrice*0.1」となるように、「TotalPrice+」を入力します。こちらも1つ1つの変数を「%変数名%+%変数名%」で区切ってしまうと、変数が独立して計算ができなくなってしまうので、「%TotalPrice+TotalPrice*0.1%」となるように設定します。

1 [保存]をクリックし、

2 [実行]をクリックします。

[test.xlsx]が右図のように正しく保存されない原因としては、アクションの設定ミスやフロー実行時のエラーが挙げられます。エラーペインの内容をもとに、アクションに設定しているファイルパスに間違いがないか確認してください。

3 [デスクトップ]をクリックし、[サンプルデータ]→[第6章_請求書作成]→[03_作成済請求書]とダブルクリックし、[test.xlsx]が保存されているのを確認します。

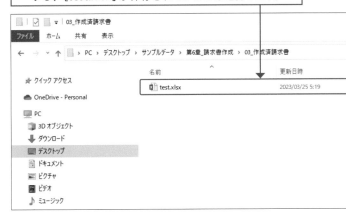

金額が正しく入力されない場合

[小計][消費税][合計]が右図のように正しく入力されない原因としては、アクションの設定ミスやフロー実行時のエラーが挙げられます。エラーペインの内容をもとに、アクションに設定している値に間違いがないか確認してください。

4 [test.xlsx]が開き、[小計][消費税][合計]が入力されていることを確認します。

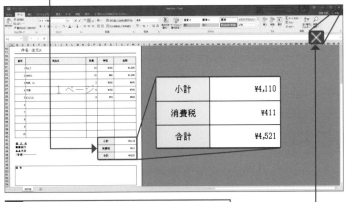

小計	¥4,110
消費税	¥411
合計	¥4,521

5 ⊠をクリックして、[test.xlsx]を閉じます。

Section 41 処理済みの注文書を移動しよう

ここで学ぶこと

・ファイルの移動
・宛先フォルダー
・上書き

ここでは、請求書が作成されたら、注文書を移動する設定を行います。この設定を行っておくことで、処理した[注文書01.xlsx]は[02_処理済]フォルダーへと移動することとなり、効率的な運用ができるようになります。

① ファイルの移動設定を行う

💬 解説

ファイルの移動

請求書作成の完了後、[注文書01.xlsx]を移動するため、[Excelを閉じる]アクションの次に[ファイルの移動]アクションをドラッグ＆ドロップします。

1 [ファイル]の > をクリックし、

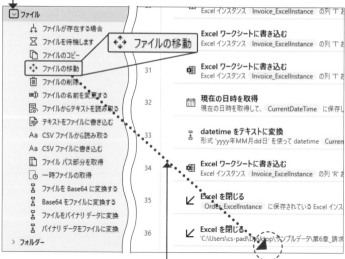

2 [ファイルの移動]をアクション36の下にドラッグ＆ドロップします。

3 [移動するファイル]の 🗋 をクリックします。

パラメーターの選択

∨ 全般

移動するファイル: 　　　　　　　　　　　　　　　　🗋 {x} ⓘ

宛先フォルダー: 　　　　　　　　　　　　　　　　📂 {x} ⓘ

ファイルが存在する場合: 何もしない　　　　　　　∨ ⓘ

4 ［デスクトップ］をクリックし、［サンプルデータ］→［第6章_請求書作成］→［01_未処理］をダブルクリックします。

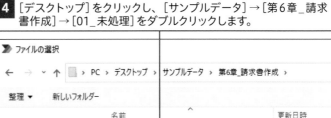

5 ［注文書01.xlsx］をクリックし、

6 ［開く］をクリックします。

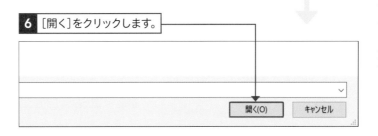

7 ［宛先フォルダー］の 📁 をクリックします。

補足

［デスクトップ］が 表示されない場合

手順8で［デスクトップ］が表示されない場合は、Cドライブをクリックし、［ユーザー］→［（ユーザー名）］をクリックすると表示されます。

補足

ファイルが存在する場合の設定

［ファイルが存在する場合］には［何もしない］［上書き］の2つがあります。宛先フォルダーに移動するファイルと同名のファイルが存在する場合に、設定内容により処理が異なります。［何もしない］を設定した場合、ファイル移動は行わず、移動ファイルを意味する変数に値が設定されません。［上書き］を設定した場合、すでに存在しているファイルを、移動するファイルで上書きする形でファイル移動を行い、移動ファイルを意味する変数に値が設定されます。

8 ［デスクトップ］→［サンプルデータ］→［第6章_請求書作成］→［02_処理済］をクリックし、

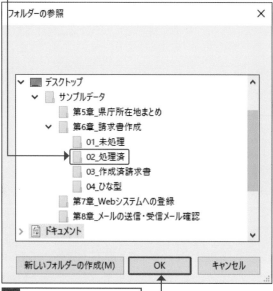

9 ［OK］をクリックします。

10 ［ファイルが存在する場合］の ∨ をクリックし、

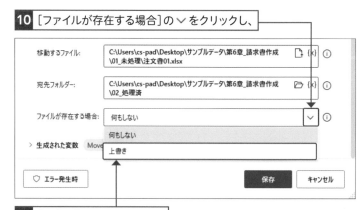

11 ［上書き］をクリックします。

12 ［保存］をクリックします。

② ファイル移動までの一連の流れを実行する

ヒント

[注文書01.xlsx]が正しく移動されない場合

[注文書01.xlsx]が右図のように正しく移動されない原因としては、アクションの設定ミスやフロー実行時のエラーが挙げられます。エラーペインの内容をもとに、アクションに設定しているファイルパスに間違いがないか確認してください。

1 [保存]をクリックし、　　**2** [実行]をクリックします。

3 P.192の手順**8**で指定した[02_処理済]フォルダーに、[注文書01.xlsx]が移動されていることを確認します。

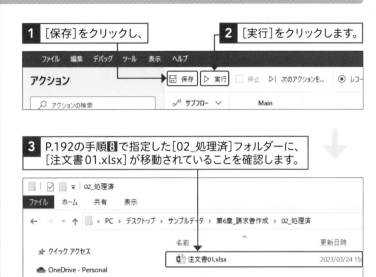

補足 ブロックエラーについて

あらかじめエラーが想定される処理に関しては、[フローコントロール]内の[ブロックエラー発生時]アクションを使用することで、エラー発生時の処理を設定することが可能です。各アクションで用意されている[エラー発生時]の項目（P.169参照）は、設定したアクション単体のみ作用する機能ですが、[ブロックエラー発生時]アクションは[if]アクションや[Loop]アクションと同様に[ブロックエラー発生時]から[End]で囲まれた範囲のアクションすべてが対象となります。そのため、特定のアクションでエラーが想定される場合には[エラー発生時]の項目を設定し、複数アクションのいずれかでエラーが想定される場合には[ブロックエラー発生時]アクションを設定すると効果的です。
[ブロックエラー発生時]アクションの設定項目は下記のとおりです。

[名前]：[ブロックエラー発生時]アクションに表示する名前を設定します。変数名と同様に、半角英数字しか使用できません。

[フロー実行を続行する]の[例外処理モード]：
[エラー発生時]の項目にある3つの設定に加えて、次の2つがあります。
- **[ブロックの先頭に移動する]**：[ブロックエラー発生時]アクションの先頭に移動します。
- **[ブロックの末尾に移動する]**：[ブロックエラー発生時]アクションの[End]アクションに移動します。

複数件の注文書に対応しよう

ここで学ぶこと

- フォルダー内のファイルを取得
- ファイルフィルター
- ブレークポイント

ここまでは、1つの注文書を自動処理する設定を解説してきました。ここでは、フォルダーを指定してそのフォルダー内のファイルをすべて自動処理する設定を解説していきます。

1 フォルダー内のファイル取得設定を行う

⚠ 注意

移動したファイルをもとに戻す

Sec.41の処理で[02_処理済]フォルダー内に[注文書01.xlsx]を移動していますが、Sec.42では[注文書01.xlsx]が[01_未処理]フォルダー内に保存されている状態で進めます。そのため、必ず[注文書01.xlsx]を[01_未処理]フォルダーへ戻してから操作を行ってください。

💬 解説

[フォルダー内のファイルを取得]アクションの設定

ここでは、[01_未処理]フォルダー内に保存されている注文書のファイルを取得するため、[フォルダー内のファイルを取得]アクションをフローの先頭に設定します。

1 [フォルダー]の 〉 をクリックし、

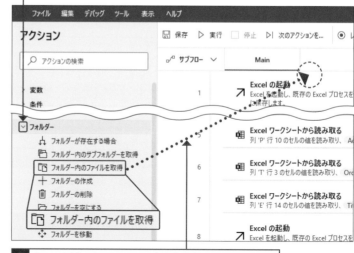

2 [フォルダー内のファイルを取得]をアクション1の上にドラッグ＆ドロップします。

3 [フォルダー]の 📁 をクリックします。

パラメーターの選択

∨ 全般

フォルダー: _____ 📁 {x} ⓘ

ファイル フィルター: * {x} ⓘ

解説

ファイルフィルターの設定

手順**6**の［ファイルフィルター］では、取得するファイル名の絞り込みを設定します。ここではファイル名を問わず、拡張子「.xlsx」が含まれたファイルを取得するよう設定するため、「*.xlsx」と設定します。「*」はワイルドカードと呼ばれ、0文字以上の文字を意味します。

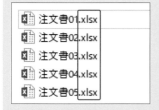

4 ［デスクトップ］→［サンプルデータ］→［第6章_請求書作成］→［01_未処理］とクリックし、

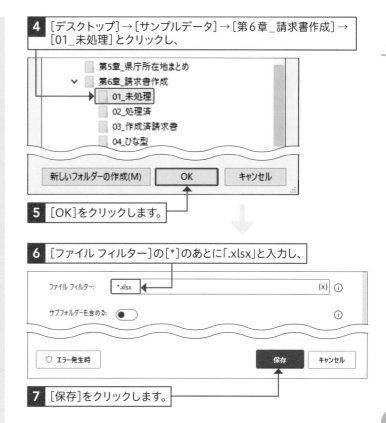

5 ［OK］をクリックします。

6 ［ファイル フィルター］の［*］のあとに「.xlsx」と入力し、

7 ［保存］をクリックします。

② ファイル取得を部分実行で確認する

解説

ブレークポイントの設定

アクション番号の左側をクリックすると表示される赤丸は（手順**2**）、ブレークポイントと呼ばれます。［フローデザイナー］画面でフローを実行した際に、ブレークポイントに到達すると、ブレークポイントが設定されているアクションを実行せずに、フローを一時停止します。一時停止した状態で［実行］をクリックすると、ブレークポイントが設定されたアクションからフロー実行が再開されます。ここでは［フォルダー内のファイルを取得］アクションを行い、次の［Excelの起動］アクションを実行せずに一時停止するため、［Excelの起動］アクションにブレークポイントを設定します。

1 ［保存］をクリックし、

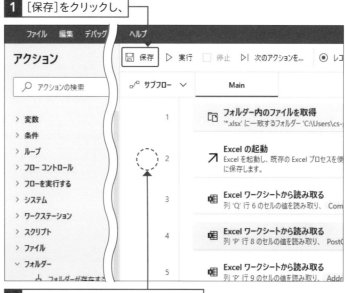

2 アクション2の左側をクリックします。

3 赤丸が表示されます（P.196の手順**6**参照）。

解説

[ここから実行] を行う理由

手順■を行うことで、選択したアクションからフローを実行します。ここでは[01_未処理]フォルダー内の拡張子[.xlsx]のファイルを取得する処理のみ行うため、[フォルダー内のファイルを取得]アクションを対象に[ここから実行]をクリックします。

解説

フローの停止と
ブレークポイントの削除

手順■では、ファイルの取得結果のみ確認を行い、それ以降の処理を行う必要はないので、[停止]をクリックしてフローを停止します。確認後はブレークポイントは不要になるため、手順■でブレークポイントを削除しています。

補足

変数[Files] の内容

[フォルダー内のファイルを取得]アクションで生成された変数[Files]には取得したファイル情報が格納されます。

4 アクション1の[フォルダー内のファイルを取得]を右クリックし、

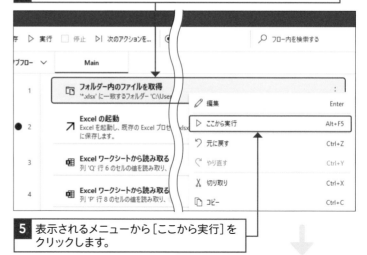

5 表示されるメニューから[ここから実行]を
クリックします。

6 フローがアクション2で止まって
いることを確認し、

7 [停止]をクリックします。

8 アクション2の左側にある赤丸をクリックして、
赤丸がない状態にします。

9 [フロー変数]内の[Files]を
ダブルクリックします。

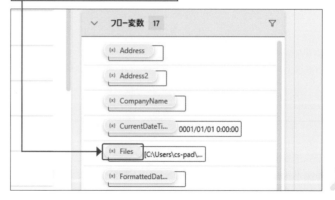

10 変数にファイル情報が格納されていることを確認し、

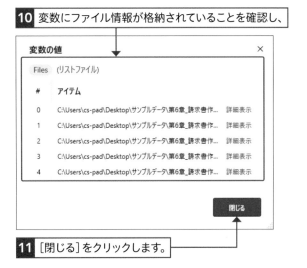

11 [閉じる]をクリックします。

③ ファイル数をもとに繰り返し設定を行う

ファイル数の取得

ファイル数の取得は、変数[Files]の[.Count]プロパティで「%Files.Count%」のようにして行えます。

1 [ループ]内の[Loop]をアクション1と2の間にドラッグ＆ドロップします。

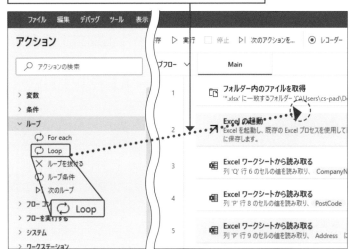

2 [開始値]に「0」と入力し、

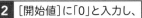

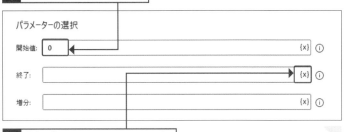

3 [終了]の{x}をクリックします。

[01_未処理]フォルダーの取得結果が変数に格納されない場合

[01_未処理]フォルダーの取得結果が右図のように正しく格納されない原因としては、アクションの設定ミスやフロー実行時のエラーが挙げられます。エラーペインの内容をもとに、アクションに設定しているファイルパスや値に間違いがないか確認してください。

解説

「%Files.Count%」に -1を設定する理由

[開始値] には要素番号の始まりである0が設定されているため、[終了] にも要素番号の終わりの数値を設定する必要があります。「%Files.Count%」という設定の場合、注文書のファイル数の値である「5」が設定されます。しかし、Filesの要素番号の終わりは「4」なので、ファイル数の5と要素番号の4の差分が1となります。そのため、%Files.Count%に対して「-1」を設定します。

6

Excel文書の作成を自動化しよう

解説

増分の設定

ここでは取得したファイルに対して1つずつ処理を行うため、[増分] には「1」と設定します。

解説

変数の設定

デフォルトの変数 [LoopIndex] では、Sec.39の商品ごとの繰り返し変数と区別しづらいので、ファイルごとの繰り返しを意味する [FilesLoopIndex] という変数名を設定します。

---

4 [Files] の > をクリックし、　　**5** [.Count] をクリックして、

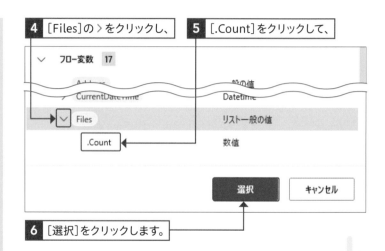

6 [選択] をクリックします。

7 「%Files.Count%」の2番目の「%」の前に「-1」を入力し、

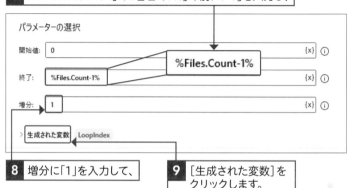

8 増分に「1」を入力して、　　**9** [生成された変数] をクリックします。

10 [LoopIndex] をクリックします。

11 「FilesLoopIndex」と入力し、

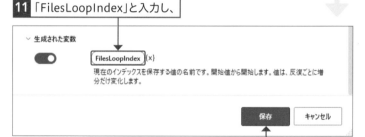

12 [保存] をクリックします。

解説

繰り返しアクションの移動

アクション1以外の全アクションをファイル数分繰り返すので、[Excelの起動]アクションから一番下の[ファイルの移動]アクションを[Loop]アクションに含まれるように移動します。

解説

[End] アクション

[End]アクションは繰り返しや条件分岐の終了を意味するアクションです。繰り返しや条件分岐のアクションを設定する際は、[End]アクションも合わせて設定する必要があり、[End]アクションが存在しない場合はエラーが発生します。また、[End]アクションはアクションペインの [フローコントロール]グループに存在しているので、[End]アクションを削除してしまった場合でも、再設定することができます。

[End]アクションの再設定

1 アクション4の[Excelの起動]をクリックし、

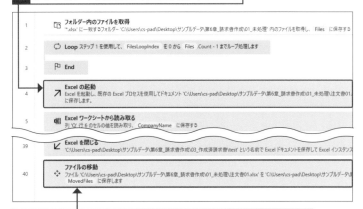

2 Shift を押しながら、アクション40の[ファイルの移動]をクリックします。

3 選択しているアクションをアクション2と3の間にドラッグ＆ドロップします。

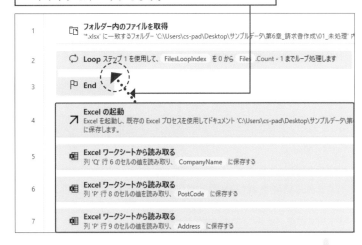

4 アクション3の[Excelの起動]をダブルクリックします。

解説

ドキュメントパスの設定変更と要素番号の設定

これまでは [注文書01.xlsx] のみを起動する処理を行っていましたが、繰り返し設定を行ったので、取得したファイルをすべて繰り返し開くよう設定を変更します。[注文書01.xlsx] のフルパスを削除し、変数 [Files] を設定します。変数 [Files] には、複数のファイル情報が格納されています。繰り返し回数によってどのファイルを処理するのか指定するために、[Files] に要素番号を設定します。要素番号にはファイルごとの繰り返しを意味する変数 [FilesLoopIndex] を設定します。

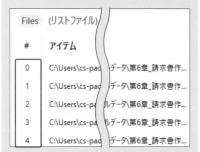

解説

ファイル移動を繰り返す理由

ここでの設定のように [ファイルの移動] アクションが [Loop] アクションの中に設定され、繰り返しファイル移動を行えるようにする理由は、どのファイルが処理されたのかわかりやすくするためです。1つのファイルの処理が完了するたびにファイル移動を行っているため、移動済のファイルは処理が完了しているか確認できます。逆に、移動されていないファイルは処理が完了していないことが確認できるようになり、エラーなどが発生した際も対象ファイルを判別しやすくなります。

---

5 ドキュメントパスを削除し、

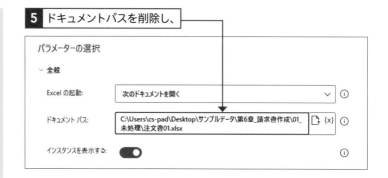

6 「%Files[FilesLoopIndex]%」と入力し、

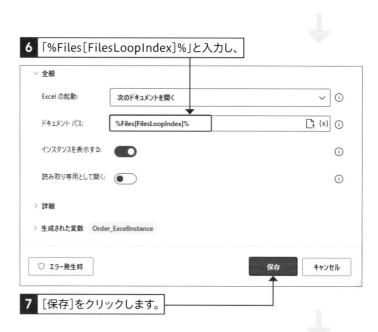

7 [保存]をクリックします。

8 アクション39の[ファイルの移動]をダブルクリックします。

🗨 解説

移動するファイルの設定変更と要素番号の設定

繰り返し設定を行ったので、処理を完了したファイルを繰り返し移動するよう設定を変更します。[注文書01.xlsx]のフルパスを削除し、変数[Files]を設定します。そして、[Excelの起動]アクションと同様に、[Files]に要素番号を設定します。要素番号にはファイルごとの繰り返しを意味する変数[FilesLoopIndex]を設定します。

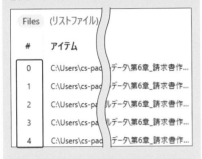

9 移動するファイルを削除し、

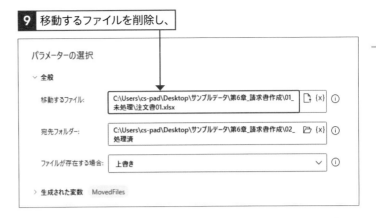

10 「%Files[FilesLoopIndex]%」と入力し、

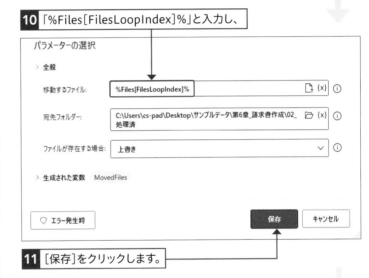

11 [保存]をクリックします。

12 アクション38の[Excelを閉じる]をダブルクリックします。

解説

ファイル名の設定変更

保存するファイル名を[test]から[請求書_(発注No.)]に変更します。発注No.は毎回異なるため、手順⑭では[ドキュメントパス]から[test]を削除したのち、毎回同じである[請求書_]のみ入力します。

重要用語

キャレット

キャレットとは文字の入力位置を示す点滅している縦棒のことです。

解説

ファイル名の変数設定

手順⑯では、[ドキュメントパス]の[請求書_]に続く形で、発注No.を意味する変数[OrderNumber]を設定します。

13 ドキュメントパスの[test]を削除します。

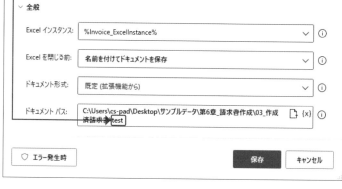

14 「請求書_」と入力し、キャレットが「_」のあとにある状態で、

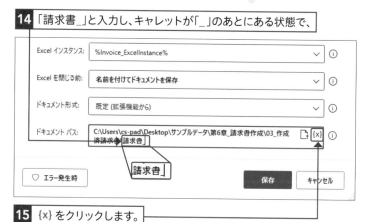

15 {x} をクリックします。

16 [OrderNumber]をクリックし、

17 [選択]をクリックします。

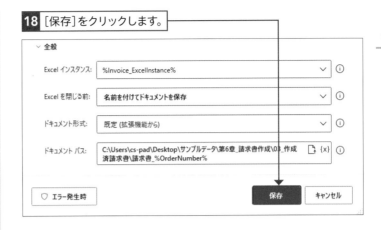

18 [保存]をクリックします。

⑤ 一連の流れを実行する

[01_未処理] フォルダーに 注文書が存在している場合

手順**3**の画面と異なり [01_未処理] フォルダーに注文書が存在する原因としては、アクションの設定ミスやフロー実行時のエラーが挙げられます。エラーペインの内容をもとに、アクションに設定しているファイルパスに間違いがないか確認してください。

エラー リスト		
🔗 サブフロー (1) ∨	❗ エラー (1)	⚠ 警告 (0)
型	説明	
❗	移動するファイルが見つかりません	

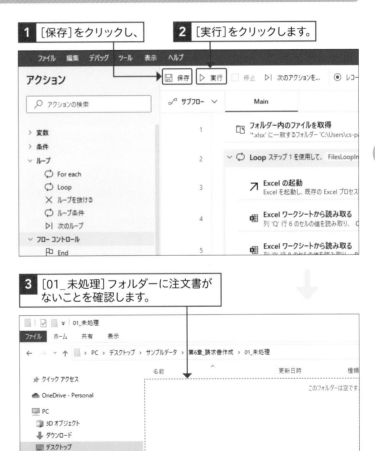

1 [保存]をクリックし、

2 [実行]をクリックします。

3 [01_未処理] フォルダーに注文書が ないことを確認します。

ヒント

［03_作成済請求書］フォルダーに請求書が作成されない場合

手順⑤の画面のように請求書が正しく作成されない原因としては、アクションの設定ミスやフロー実行時のエラーが挙げられます。エラーペインの内容をもとに、アクションに設定しているファイルパスに間違いがないか確認してください。

 ヒント

請求書が正常に作成できない場合

手順⑥の画面のように請求書が正しく作成されない原因としては、アクションの設定ミスやフロー実行時のエラーが挙げられます。エラーペインの内容をもとに、アクションに設定しているファイルパスや値に間違いがないか確認してください。

4 ［02_処理済］フォルダーに注文書が移動されていることを確認します。

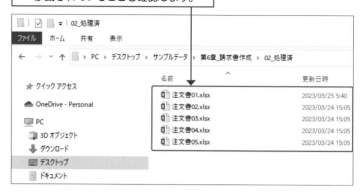

5 ［03_作成済請求書］フォルダーに請求書が作成されていることを確認します。

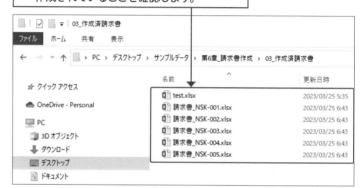

6 各請求書が正常に作成できていることを確認します。

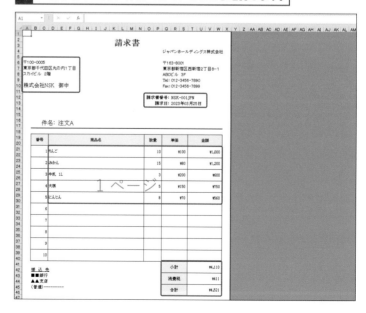

第 **7** 章

Webの操作を
自動化しよう

Section 43

作成するフローを確認しよう

ここで学ぶこと

・フローの作成順序
・データの読み取り設定
・データの書き込み設定

本章では、Webブラウザを起動し、Excelの全データを取得してWebブラウザに入力およびWebブラウザを操作するフローを作成します。どのような手順でフローを作成するのか、あらかじめ確認しておくと理解も深まります。

① 本章で作成するフロー

本章では、トレーニングページに自動でログインし、Excelのデータをトレーニングページに登録して、ExcelのデータをもとにWebブラウザ上よりデータを取得し、Excelへ書き込むフローを作成します。

❶ トレーニングページへログイン

❷ ［登録情報.xlsx］のデータを取得

❸ 取得したデータから条件に合わせてトレーニングページへ登録

❹ トレーニングページに表示されたデータを取得

❺ トレーニングページから取得したデータを［登録情報.xlsx］へ転記

なお、本章ではSectionをまたいだ状態で連続した手順として解説しています。そのため、アクショングループが展開されている場合は、そのことを前提で解説しています。

② フローの作成順序

▶ STEP1 Webブラウザの操作と 登録情報1件の入力設定

Sec.44〜48では、Webブラウザでトレーニングページを開いてログインし、トレーニングページにExcelからのデータを入力したり、ボタンクリックやドロップダウンリスト選択などの処理を行ったりします。STEP1を完了すると、Webブラウザを開き、データ入力やボタンクリック、ドロップダウンリスト選択などの操作を行うことが可能になります。

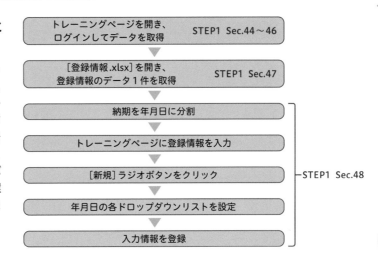

▶ STEP2 登録情報全件取得 および繰り返し設定

Sec.49〜50では、[登録情報.xlsx]の登録情報をすべて読み取り、区分によってクリックするラジオボタンを分岐しながら、登録処理を注文情報の件数分繰り返す処理を設定します。STEP2を完了すると、登録情報をトレーニングページに登録する処理を登録情報の件数分繰り返すことが可能になります。

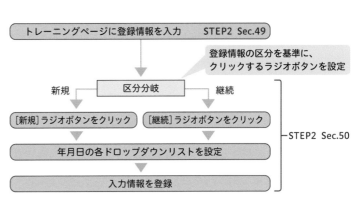

▶ STEP3 登録情報による取得 住所の分岐、登録後のExcel 書き込み設定

Sec.51では、[登録情報.xlsx]の登録情報によってトレーニングページをクリックする箇所とトレーニングページから取得する住所を分岐する処理と、取得した住所と登録チェックを[登録情報.xlsx]に書き込む処理を設定します。STEP3を完了すると、登録情報をトレーニングページに登録し、取得した住所と登録チェックを[登録情報.xlsx]に書き込む処理を登録情報の件数分繰り返し行うことが可能になります。

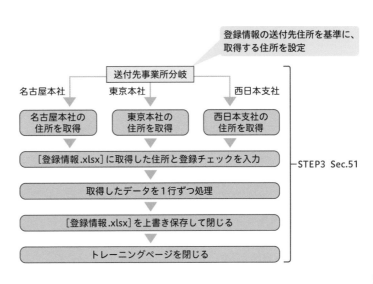

Section 44

Webサイトを表示しよう

ここで学ぶこと

・Webブラウザでの
情報入力／取得
・ブラウザー自動化

ここでは、この章のために筆者が用意したWebサイト（トレーニングサイト）に自動でアクセスする設定を解説します。表示した際のウィンドウサイズや読み込み時間も指定できます。

① 新しいフローを作成する

解説

設定可能なWebブラウザ

ここでは、Microsoft Edgeを起動して、指定したURLのWebページを開きます。アクションペインから設定可能なWebブラウザは「Microsoft Edge」「Chrome」「Firefox」「Internet Explorer」の4種類があります。「Internet Explorer」のみ[起動モード]に[オートメーションブラウザーを起動します]という項目が存在し、通常のWebブラウザのほかに[Power Automate Automated Web Browser]というInternet Explorerベースの自動化用Webブラウザが使用可能です。

1 [フローコンソール]画面で[新しいフロー]をクリックします。

2 [フロー名]に「ブラウザでの情報入力・取得」と入力し、

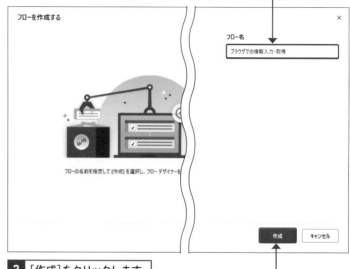

3 [作成]をクリックします。

② Webブラウザを開く設定を行う

 補足

Webブラウザの起動モード

Webブラウザの起動モードには[新しいインスタンスを起動する][実行中のインスタンスに接続する]の2種類があります。すでに起動しているWebブラウザを操作する場合は[実行中のインスタンスに接続する]を起動モードに設定し、[タイトルを使用][URLを使用][フォアグランドウィンドウを使用](下記「重要用語」参照)の3種類の方法で設定します。

パラメーターの選択

起動モード:	実行中のインスタンスに接続する
Microsoft Edge タブに接続する:	タイトルを使用
タブのタイトル:	タイトルを使用
	URL を使用
> 詳細	フォアグラウンド ウィンドウを使用

🔍 重要用語

フォアグランドウィンドウ

フォアグランドウィンドウとは、画面の最前面に表示されているウィンドウを指します。URLやタイトルを考慮せず最前面のウィンドウを処理対象と設定するので、URLやタイトルに規則性がない場合に有効な設定です。

1 [フローデザイナー]画面で[ブラウザー自動化]の 〉をクリックし、

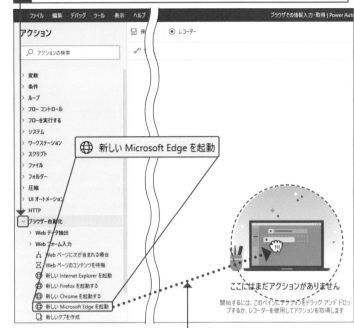

2 [新しいMicrosoft Edgeを起動]をワークスペースにドラッグ＆ドロップします。

3 [初期URL]の右に「https://www.nskint.co.jp/pad_training_site/」と入力します。

新しい Microsoft Edge を起動 ✕

⊕ Microsoft Edge の新しいインスタンスを起動して、Web サイトおよび Web アプリケーションを自動化します 詳細

パラメーターの選択

起動モード:	新しいインスタンスを起動する	⌄ ⓘ
初期 URL:	https://www.nskint.co.jp/pad_training_site/	{x} ⓘ
ウィンドウの状態:	標準	⌄ ⓘ

> 詳細

> 生成された変数　Browser

♡ エラー発生時　　　　　　　　　　　　　保存　　キャンセル

💬 解説

ウィンドウを最大化する理由

ウィンドウの状態を[最大化]にする理由は、起動するWebブラウザのウィンドウサイズを固定して処理の安定化を図るためです。Webサイトには、デザインがデバイスの画面サイズによって表示が最適化されるレスポンシブデザインがあります。レスポンシブデザインである場合、ウィンドウサイズによってUI要素が変化する恐れがあり、処理が不安定になってしまう可能性があります。

✏️ 補足

最小化での実行

ウィンドウの状態を[最小化]に設定して実行すると、標準サイズでWebブラウザが起動したあとにウィンドウが最小化されます。ウィンドウを最小化してもUI要素を指定しての処理は可能なので、ウィンドウを画面に表示する必要がない場合に有効な設定です。

4 ［ウィンドウの状態］の右にある ∨ をクリックし、

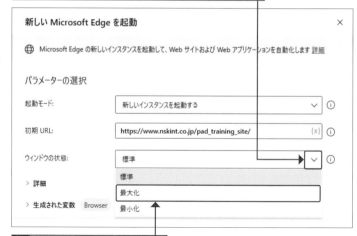

5 ［最大化］をクリックします。

6 ［保存］をクリックします。

③ PADでWebブラウザを開く

1 ［保存］をクリックします。

2 [実行]をクリックします。

3 トレーニングサイトが開かれていることを確認します（ここでは、閉じないで次に進みます）。

解説　読み込み完了待機

Webブラウザの起動アクションの[詳細]には、[Webページの読み込み中にタイムアウト]という項目が存在し、この項目で設定した秒数まで読み込み完了の待機をします。設定した秒数内で読み込みが完了すると後続処理に進みますが、秒数を超えるとエラーになってしまいます。

新しい Microsoft Edge を起動			×

⊕ Microsoft Edge の新しいインスタンスを起動して、Web サイトおよび Web アプリケーションを自動化します 詳細

∨ 詳細

キャッシュをクリア:	●	ⓘ
Cookie をクリア:	●	ⓘ
ページが読み込まれるまで待機します:	●	ⓘ
Web ページの読み込み中にタイムアウト:	60　　　　　　　{x}	ⓘ
ポップアップ ダイアログが表示された場合:	何もしない　　　　∨	ⓘ

♡ エラー発生時　　　　　　　　　　　　　保存　　キャンセル

エラー リスト

⎔ サブフロー (1) ∨　　❶ エラー (1)　　⚠ 警告 (0)　　⛛ すべてのフィルターをクリア

型	説明
❶	Microsoft Edge を制御することができませんでした (内部エラーまたは通信エラー)。

Section 45 Webサイトにログインしよう

ここで学ぶこと

・UI要素
・Webブラウザー
　インスタンス

トレーニングサイトにアクセスすると最初にログインページが表示されます。この
ボタンをクリックしてログインIDを入力するなど、Webサイトのログインに必要
になる操作部分の設定を行っていきます。

① ボタンをクリックする設定を行う

💬 解説

Webフォーム入力

ここでは、ログインページを表示し、ロ
グインIDとパスワードを入力してログ
インします。アクションペインの［Web
フォーム入力］には、入力欄に文字列を
入力するアクションやボタンをクリック
するアクションなど、Webフォーム入力
に関するアクションがグループ化されて
まとまっています。操作内容がそのまま
アクション名になっているので直感的な
操作が可能です。

✏️ 補足

**Webブラウザーインスタンスの
設定**

手順❸の前に［Webブラウザーインスタ
ンス］で処理対象のWebブラウザを設定
します。ここでは処理対象のWebブラウ
ザが1つのため、デフォルトの「%Brows
er%」のまま進みます。処理対象のWeb
ブラウザが複数存在する場合は、ドロッ
プダウンリストから処理対象のWebブ
ラウザーインスタンスを選択します。

1 ［ブラウザー自動化］内の［Webフォーム入力］の > をクリックし、

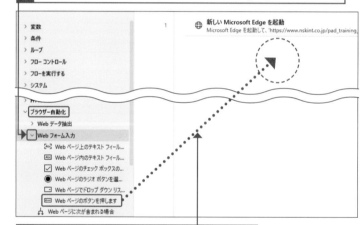

2 ［Webページのボタンを押します］を
アクション1の下にドラッグ＆ドロップします。

3 ［UI要素］の右にある ⌄ をクリックします。

補足

要素取得の方法

処理対象の要素を取得する方法は、処理対象にマウスカーソルを合わせて赤枠に囲まれた状態で Ctrl を押しながらクリックします。赤枠に囲まれていないと要素を取得できず、Ctrl を押さないでクリックすると要素取得ではなく通常のクリック処理になってしまうので注意してください。

補足

要素取得後の動き

要素取得が完了すると自動で［UI要素］に取得した要素が設定されます。［UI要素］の右側にあるアイコン ⊜ にマウスカーソルを合わせると設定している要素のキャプチャが表示されるので、設定している要素を確認することができます。

4 ［UI要素の追加］をクリックします。

5 Webブラウザの［ログインページ］のボタンを Ctrl を押しながらクリックします。

6 ［保存］をクリックします。

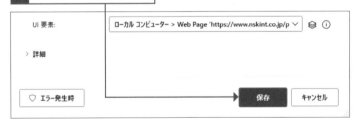

7 ✕をクリックして、トレーニングサイトを閉じます。

213

解説　ボタンクリック時にポップアップが表示される場合

[Webページのボタンを押します]アクションの[詳細]に[ポップアップダイアログが表示された場合]という設定項目があります。この右の∨をクリックすると、デフォルトの[何もしない]以外の2種類の項目を設定できます。ポップアップを閉じる場合は[それを閉じる]を設定します。ポップアップのボタンを押す場合は[ボタンを押す]を設定します。[押すダイアログボタン]が設定できるようになるので、ボタン名を[押すダイアログボタン]に設定します。

3つの設定項目

[ボタンを押す]を設定すると、クリック時にこのようなポップアップが表示されます。

ポップアップ画面

解説用ポップアップ

閉じる

[押すダイアログボタン]を設定すると、クリック時にこのようなポップアップが表示されます。

② PADでボタンをクリックする

ログインページが開けない場合

ログインページが開けない原因としては、アクションの設定ミスやエラー、ネットワークの回線状況が悪いことが挙げられます。これらを確認してください。

1 [保存]をクリックし、　**2** [実行]をクリックします。

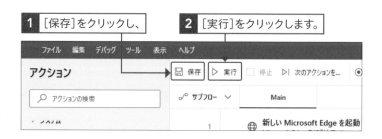

3 Webブラウザでログインページが開かれていることを確認します（ここでは、閉じないで次に進みます）。

③ ログイン入力の設定を行う

ここでは、「ログインID」と「パスワード」を入力し、[ログイン] ボタンをクリックするまでの設定を行っていきます。P.212〜213を参考に、まず入力系は「ログインID」の設定を行い、この設定をコピー&ペーストして「パスワード」の設定を行っていきます。続いて [ログイン] ボタンのクリック設定を行います。

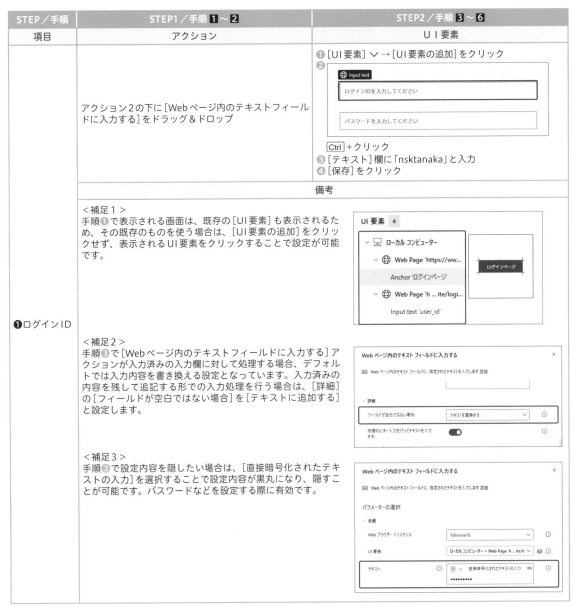

STEP／手順	STEP1／手順 ❶〜❷	STEP2／手順 ❸〜❻
項目	アクション	Ｕ Ｉ 要素
❶ログインID	アクション2の下に[Webページ内のテキストフィールドに入力する]をドラッグ&ドロップ	❶ [UI要素] ∨ → [UI要素の追加] をクリック ❷ ⊕ Input text ログインIDを入力してください パスワードを入力してください Ctrl +クリック ❸ [テキスト] 欄に「nsktanaka」と入力 ❹ [保存] をクリック

備考

<補足1＞
手順❶で表示される画面は、既存の[UI要素]も表示されるため、その既存のものを使う場合は、[UI要素の追加]をクリックせず、表示されるUI要素をクリックすることで設定が可能です。

UI 要素　4
- 🖥 ローカル コンピューター
  - ⊕ Web Page 'https://ww...
    - Anchor 'ログインページ'
  - ⊕ Web Page 'h ... ite/logi...
    - Input text 'user_id'

ログインページ

<補足2＞
手順❸で[Webページ内のテキストフィールドに入力する]アクションが入力済みの入力欄に対して処理する場合、デフォルトでは入力内容を書き換える設定となっています。入力済みの内容を残して追記する形での入力処理を行う場合は、[詳細]の[フィールドが空白ではない場合]を[テキストに追加する]と設定します。

Web ページ内のテキスト フィールドに入力する ✕
Web ページ内のテキスト フィールドに、指定されたテキストを入力します 詳細
∨ 詳細
フィールドが空白ではない場合: テキストを置換する ∨
物理的にキー入力を行ってテキストを入力する ●

<補足3＞
手順❸で設定内容を隠したい場合は、[直接暗号化されたテキストの入力]を選択することで設定内容が黒丸になり、隠すことが可能です。パスワードなどを設定する際に有効です。

Web ページ内のテキスト フィールドに入力する ✕
Web ページ内のテキスト フィールドに、指定されたテキストを入力します 詳細
パラメーターの選択
∨ 全般
Web ブラウザー インスタンス: %Browser%
UI 要素: ローカル コンピューター > Web Page 'h ... ite/lc ∨
テキスト: 直接暗号化されたテキストの入力
●●●●●●●●

STEP／手順	STEP1／手順 ❶～❷	STEP2／手順 ❸～❻
項目	アクション	UI要素
❷パスワード	❶アクション3の［Webページ内のテキストフィールドに入力する］を右クリック ❷［コピー］をクリック ❸アクション3の下をクリックして、Ctrl＋Vを押す	❶コピーした［Webページ内のテキストフィールドに入力する］をダブルクリック ❷［UI要素］∨→［UI要素の追加］をクリック ❸ ログインIDを入力してください 🌐 Input password パスワードを入力してください Ctrl＋クリック ❹［保存］をクリック

備考
＜補足1＞ ログインID入力アクションを複製しているため、［テキスト］には「nsktanaka」がすでに設定されています。パスワード入力内容はログインID入力内容と同一なので［テキスト］の編集は不要です。

| ❸ログインボタン | ❶アクション2の［Webページのボタンを押します］を右クリック
❷［コピー］をクリック
❸アクション4の下をクリックして、Ctrl＋Vを押す | ❶コピーした［Webページのボタンを押します］をダブルクリック
❷［UI要素］∨→［UI要素の追加］をクリック
❸

ID：nsktanaka　Password：nsktanaka　となります。

🌐 Button
ログイン

Ctrl＋クリック
❹［保存］をクリック |

ここまでの設定を行ったら、Webブラウザは閉じてください。

 補足 **Microsoft Edgeの設定について**

ヒトやPADでMicrosoft Edgeを起動した際、設定によっては前回のタブが開かれてしまうことがあります。本書ではこの設定をオフにした状態で進めているので、もしこの設定がオンになっている場合は変更してください。
確認方法はMicrosoft Edgeの右上にある ⋯ をクリックし、［設定］をクリックします。

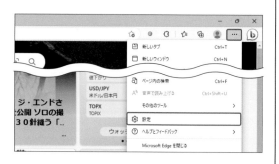

次に［設定］画面の左側にあるメニューより［［スタート］、［ホーム］、および［新規］タブ］を選択し、［Microsoft Edgeの起動時］の［新しいタブページを開く］にチェックが入っていることを確認してください。もしほかの項目にチェックが付いている場合は、［新しいタブページを開く］にチェックを入れてください。

④ ログインまでの流れを実行する

補足

パスワード保存

Microsoft Edgeの設定によってはアドレスバー付近に「パスワードを保存」のポップアップが表示されることがあります。もし表示された場合は、PADの動作に支障が出ないように[なし]を選択してください。

1 [保存]をクリックし、　　　**2** [実行]をクリックします。

3 ログインが行われ、トレーニングページが開かれていることを確認します。

💡ヒント　トレーニングページが開けない場合

トレーニングページが開けない原因としては、アクションの設定ミスやフロー実行時のエラーが挙げられます。アクションの設定ミスやフロー実行時のエラー内容は、エラーペインに表示されるので、エラーペインをもとに対応してください。また、ログインIDとパスワードが正しく設定されているかどうかも確認してください。

エラー リスト			
⌐ サブフロー (1) ∨	❗ エラー (1)	⚠ 警告 (0)	▽ すべてのフィルターをクリア

型	説明
❗	セレクター form[Id="login_form"] > button[Text="ログイン1"] を含むボタンが見つかりません。

Section
46
Webページから
情報を取得しよう

ここで学ぶこと

・UI要素の追加
・クリックの種類
・データ抽出

ここでは、トレーニングページにある住所情報を取得する方法を解説します。住所はアコーディオンメニューで隠れているので、クリックして表示します。表示されたら、住所情報の抽出を行います。

① データの取得箇所をクリックして開く

💬 解説

クリックの種類

ここでは、アコーディオンメニューをクリックして住所情報を表示します。[クリックの種類]は[左クリック][右クリック][ダブルクリック][左ボタンを押す][左ボタンを離す][右ボタンを押す][右ボタンを離す][中クリック]の8種類があります。[左ボタンを押す]を設定すると左クリックを押し続ける状態になり、[左ボタンを離す]を設定すると押し続けた左クリックを離す処理になります。

1 [ブラウザー自動化]内の[Webページのリンクをクリック]をアクション5の下にドラッグ＆ドロップします。

2 [UI要素]の右にある∨をクリックし、

3 [UI要素の追加]をクリックします。

クリック箇所のUI要素

クリック箇所の要素を取得する際は、要素が[Div]という赤枠に囲まれているのを確認したうえで、要素取得の操作である Ctrl を押しながらクリックします。間違った要素を取得してしまうと、実行時にクリックすることができないので注意してください。

アクションの保存

UI要素や値など、アクションの設定が完了したら必ずアクションを保存してください。保存せずにキャンセルや×をクリックしてしまうと、アクションが配置されず設定内容が消去されてしまうので注意してください。

4 [名古屋本社]を Ctrl を押しながらクリックします。

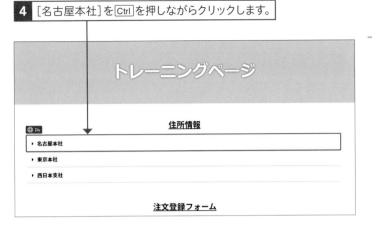

5 [保存]をクリックします。

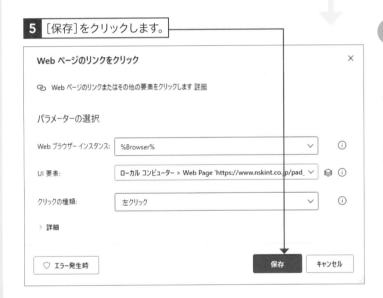

6 ×をクリックして、トレーニングページを閉じます。

② クリック動作を実行する

名古屋本社の住所が表示されない場合

名古屋本社の住所が表示されない原因としては、アクションの設定ミスやフロー実行時のエラーが挙げられます。アクションの設定ミスやフロー実行時のエラー内容は、エラーペインに表示されるので、エラーペインをもとに対応してください。

1 [保存]をクリックし、

2 [実行]をクリックします。

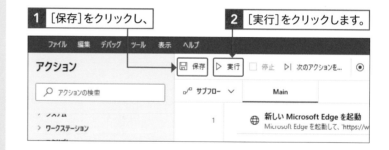

3 名古屋本社の住所が表示されていることを確認します。

③ 表示されたデータを取得する

Webページからのデータ抽出

ここでは、表示された住所情報を抽出します。アクションペインの[Webデータ抽出]には、Webページのデータを取得するアクションやスクリーンショットを取得するアクションなど、Webページから情報を取得するアクションが設定されています。

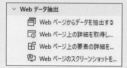

1 [Webデータ抽出]の ＞ をクリックし、

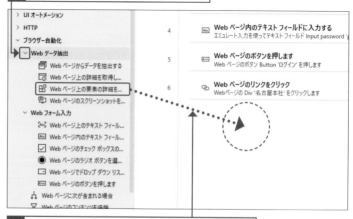

2 [Webページ上の要素の詳細を取得します]をアクション6の下にドラッグ＆ドロップします。

解説

「詳細を取得」と
「要素の詳細を取得」の違い

アクションペインの[Webデータ抽出]には[Webページ上の詳細を取得します]アクションと[Webページ上の要素の詳細を取得します]アクションがあり、アクション名が非常に似ていて間違えやすいです。[Webページ上の詳細を取得します]アクションはWebページを対象として、ページ内のテキストや現在のページのURLなどを取得することが可能です。[Webページ上の要素の詳細を取得します]アクションはWebページ上の特定箇所をUI要素として指定し、その箇所のテキストやリンク先のURLなどを取得することが可能です。

補足

取得箇所のUI要素

Webページ上に表示された住所の要素を取得する際は、要素が[Div]という赤枠に囲まれているのを確認したうえで、要素取得の操作である Ctrl を押しながらクリックします。間違った要素を取得してしまうと、Webページ上に表示された住所を取得することができないので注意してください。

3 [UI要素]の右にある ✓ をクリックし、

4 [UI要素の追加]をクリックします。

5 [愛知県名古屋市中村区那古野1丁目47番1号 名古屋国際センタービル9F] を Ctrl を押しながらクリックします。

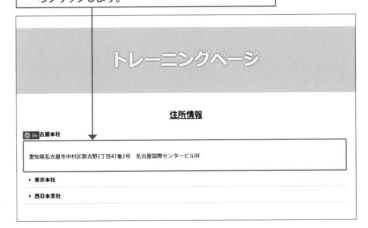

6 [生成された変数]をクリックします。

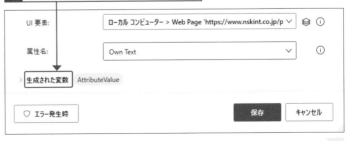

補足

変数名の設定

変数名のルールとして「%変数名%」のように変数名を%で囲む必要がありますが、変数名の設定時には%で囲まずに変数名のみの入力でもエラーなく設定することが可能です。

7 変数名の枠に「Address」と入力し、

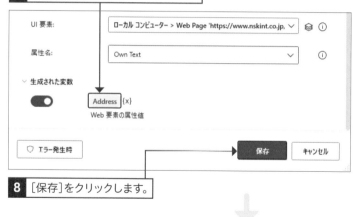

8 [保存]をクリックします。

9 ✕をクリックして、トレーニングページを閉じます。

④ データの取得を実行する

1 [保存]をクリックし、

2 [実行]をクリックします。

解説

取得した変数[Address]

ここで取得した送付先住所を意味する変数 [Address] は、Sec.51 でExcelに送付先住所を登録する際に使用します。

3 [Address]をダブルクリックします。

4 変数内に住所が格納されていることを確認し、

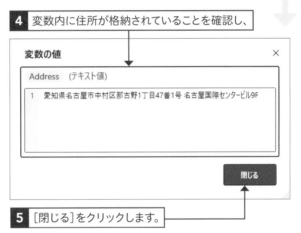

5 [閉じる]をクリックします。

補足 **変数値の表示**

フロー実行後、変数をダブルクリックすることで変数値を確認することが可能です。ダブルクリック以外にも変数名を右クリックするか、変数名欄の：[その他のアクション]をクリックして [表示]をクリックすることでも変数値を確認することができます。なお、変数値を表示することで、値だけでなく型も確認することができるため、計算や日時処理の場合は型が重要になります。必ず確認するようにしてください。

Section 47 Excelから情報を取得・整理しよう

ここで学ぶこと

・セル範囲の値
・情報の分割
・区切り記号

次のSec.48でWebページに注文情報を登録する前に、ここでは、すでに用意してある[登録情報.xlsx]の情報を取得する設定を解説します。ポイントは取得するセル範囲の設定になります。テキスト分割の設定も重要になります。

① Excelを開く設定を行う

解説

既存Excelを開く場合

手順**4**では、既存の[登録情報.xlsx]を使用するため、[次のドキュメントを開く]を設定します。[次のドキュメントを開く]を設定した場合のみ[ドキュメントパス]の設定項目が表示されるので、ここで開く[登録情報.xlsx]の設定を行います。

補足

すでに開いているExcelの活用

すでに開いているExcelを操作する場合、[実行中のExcelに添付]アクションでExcelインスタンスを設定します。Excelインスタンスを設定することで、複数のExcelが起動している場合でも、間違えることなく処理を行えます。設定は、[ドキュメント名]の∨をクリックしてドロップダウンリストを表示し、すでに開いているExcelを選択します。

1 [Excel]の〉をクリックし、

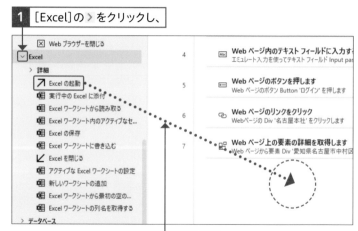

2 [Excelの起動]をアクション7の下にドラッグ＆ドロップします。

3 [Excelの起動]の∨をクリックし、

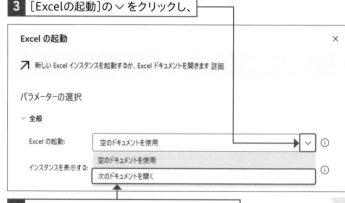

4 [次のドキュメントを開く]をクリックします。

補足

任意のフォルダーを開く

[ファイルの選択]タブ上部のフォルダーパス欄に任意のフォルダーパスを入力して[Enter]を押すことで、入力したフォルダーを開くことができます。フォルダーパスの取得方法は、フォルダーパス欄をクリックするとフォルダーパスが全選択されるので、コピーして取得することが可能です。

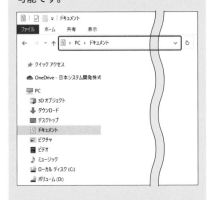

5 [ドキュメント パス]の 🗋 をクリックします。

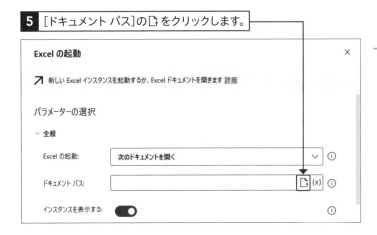

6 [ファイルの選択]画面が立ち上がることを確認します。

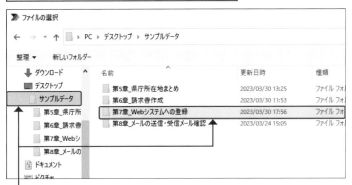

7 [デスクトップ]をクリックし、[サンプルデータ]→[第7章_Webシステムへの登録]とダブルクリックします。

8 [登録情報.xlsx]をクリックし、

9 [開く]をクリックします。

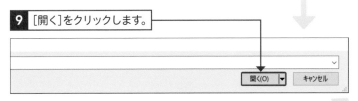

解説

インスタンス非表示の理由

Excelデータの読み取りや書き込みに関してはインスタンスを表示しなくても処理することが可能です。インスタンスを表示しないことでバックグラウンドで処理が行われ処理速度が向上するため、インスタンスを非表示に設定します。

10 [インスタンスを表示する]の右にある ⬤ をクリックして ⬤ にし、

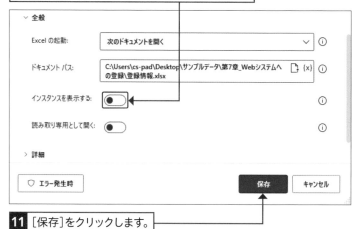

11 [保存]をクリックします。

② Excelを閉じる設定を行う

解説

保存せず閉じる理由

[登録情報.xlsx]からはデータを読み取るのみで、データは何も変更しません。そのため、手順**2**の[Excelを閉じる前]では[ドキュメントを保存しない]のまま進み(デフォルト設定のまま)、保存せずにExcelを閉じる設定とします。

1 [Excel]内の[Excelを閉じる]をアクション8の下にドラッグ＆ドロップします。

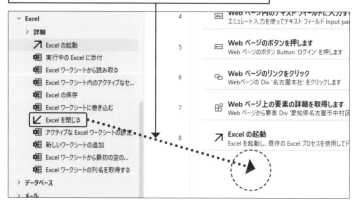

2 [保存]をクリックします。

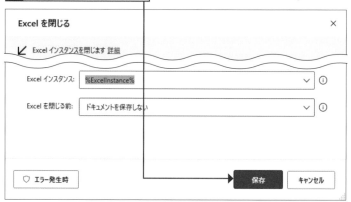

③ 指定したセル範囲の情報を取得する

解説

複数のセル範囲を取得

ここでは、1行分の全データを取得するため、[取得]では[セル範囲の値]を設定し、複数のセル範囲を取得できるようにします。複数セル範囲を取得する設定は、ほかにも[選択範囲の値][ワークシートに含まれる使用可能なすべての値]の2種類があります。Excelで選択されているセル範囲を取得する場合は、[選択範囲の値]を設定します。シート内の全セルを取得する場合は[ワークシートに含まれる使用可能なすべての値]を設定します。

解説

取得セル範囲の設定

手順**4**〜**7**では各項目にセル範囲を設定します。[先頭列]には取得開始列、[先頭行]には取得開始行、[最終列]には取得終了列、[最終行]には取得最終行をそれぞれ設定します。

1 [Excel]内の[Excelワークシートから読み取る]をアクション8と9の間にドラッグ＆ドロップします。

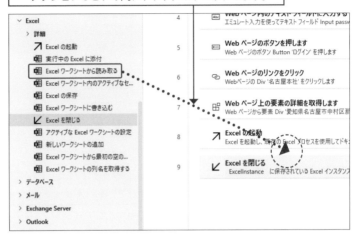

2 [取得]の右にある ✓ をクリックし、

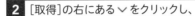

3 [セル範囲の値]をクリックします。

4 [先頭列]の右の枠に「A」と入力し、

5 [先頭行]の右の枠に「2」と入力して、

6 [最終列]の右の枠に「I」（アルファベットのアイ）と入力します。

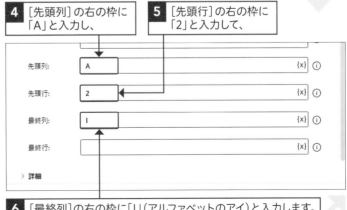

解説

セルの内容をテキストとして取得する理由

[セルの内容をテキストして取得]の設定を行う理由は、日付を取得する際に不要な情報を含めないようにするためです。この設定を行わないと、Excelから取得した日付に自動で時刻が追加されてしまいます。

解説

範囲の最初の行に列名を含めない理由

[範囲の最初の行に列名が含まれています]の設定を行わない理由は、読み取り範囲に列名が含まれていないからです。列名である1行目も読み取り範囲に含める場合は[範囲の最初の行に列名が含まれています]をオンにします。設定することで読み取り結果に列名が表示されます。

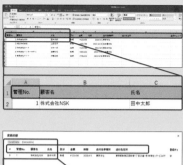

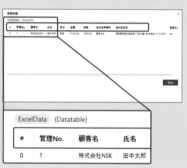

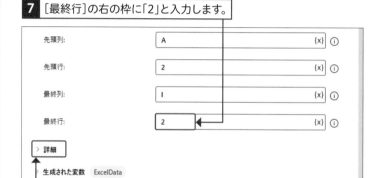

7 [最終行]の右の枠に「2」と入力します。

8 [詳細]をクリックします。

9 [セルの内容をテキストとして取得]の右にある ◯ をクリックして ◉ にし、

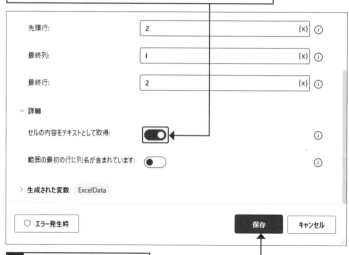

10 [保存]をクリックします。

11 ✕ をクリックして、トレーニングページを閉じます。

④ セル範囲からの情報取得を実行する

💬 解説

データテーブルの表示

フロー実行後の変数ペインには各変数の値が表示されますが、データテーブル(ここでは変数[ExcelData])には値ではなく、行と列の数が表示されます。データテーブルの値は変数の表示を行わないと確認できませんが、行と列の数からデータ数を確認することは可能です。

1 [保存]をクリックし、

2 [実行]をクリックします。

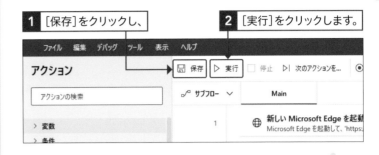

3 [ExcelData]をダブルクリックします。

4 変数内にExcelの情報が格納されていることを確認し、

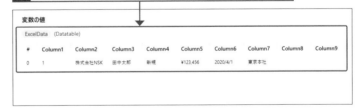

💡 ヒント

Excelの情報が正しく格納されない場合

Excelの情報が正しく格納されない原因としては、アクションの設定ミスやフロー実行時のエラーが挙げられます。エラーペインの内容をもとに、アクションに設定しているファイルパスや読み取り範囲に間違いがないか確認してください。

5 [閉じる]をクリックします。

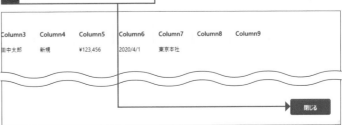

⑤ 取得した情報を分割する

💬 解説

テキスト分割をする理由

納期に関して[登録情報.xlsx]では「年/月/日」の形式になっていますが、Webページ上では[年][月][日]それぞれ個別に設定する必要があるため、テキスト分割を行います。

💬 解説

納期の要素番号

P.231の手順**6**では、Excelの読み取り結果の変数[ExcelData]を使用して分割データを設定します。データは1件のみで行の要素番号は0、納期列の要素番号は5のため、「%ExcelData[0][5]%」と設定します。

1 [テキスト]の › をクリックし、

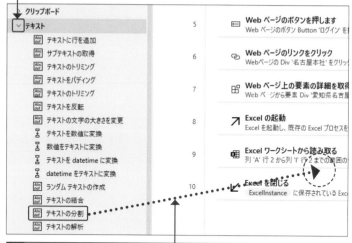

2 [テキストの分割]をアクション9と10の間にドラッグ＆ドロップします。

3 [分割するテキスト]の右にある {x} をクリックします。

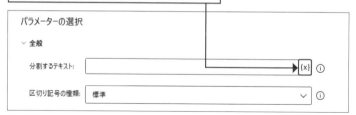

4 [ExcelData]をクリックし、

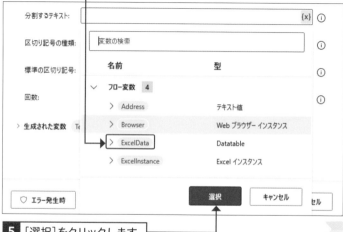

5 [選択]をクリックします。

補足

区切り記号の種類

[区切り記号の種類]には[標準][カスタム][文字数]の3種類があります。[標準]では[標準の区切り記号]で[スペース][タブ][新しい行]の3種類の区切り記号と区切り記号の使用回数を設定します。区切り記号の使用回数とは、スペースやタブなどの区切り記号が連続している場合に使用します。たとえば、[あい＿＿う えお]のように[い]と[う]の間に存在する2つ連続するスペースを区切り記号とする場合は、[回数]を2に設定します。[カスタム]では[カスタム区切り記号]で任意の文字列を設定します。[文字数]では[幅を分割する]にて任意の分割文字数を設定します。

補足

生成された変数の名称

デフォルトで設定されている変数の名称には、その変数の型がわかる場合があります。手順**9**のデフォルト変数[TextList]はテキストを意味する[Text]と、リストを意味する[List]が設定されているため、テキストのリスト型変数であることがわかります。

6 ExcelDataのあとに「[0][5]」を入力して「%ExcelData[0][5]%」とし、

7 [区切り記号の種類]の右にある✓をクリックして、

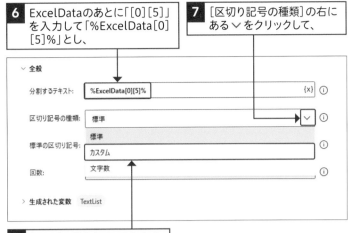

8 [カスタム]をクリックします。

9 [カスタム区切り記号]の右の枠に「/」(半角のスラッシュ)と入力し、

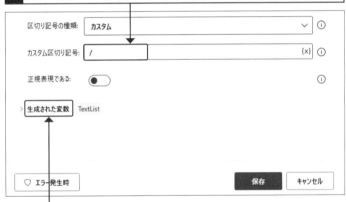

10 [生成された変数]をクリックします。

11 変数名の枠に「DateList」と入力し、

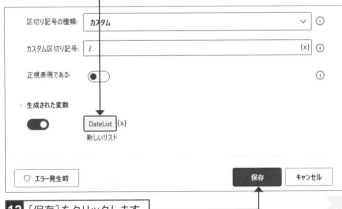

12 [保存]をクリックします。

13 ✕をクリックして、トレーニングページを閉じます。

✦✦ 応用技　正規表現とは

P.231の手順**10**の画面には正規表現であるかどうかを設定するトグルボタンがあります。このトグルボタンを ⬤ にすることで正規表現を使用することができます。正規表現とは文字列のパターンを設定する記述方法のことです。たとえば1文字以上の文字を意味する正規表現は「.」（ピリオド）となります。この正規表現を利用して「これは.です」と記述すると、「これは机です」「これは自動車です」といった表現が可能になります。正規表現を活用することであらゆるパターンの設定が行えるので、区切りを意味する「|」を利用すればテキストの分割も可能です。たとえば、「あいうえおかきくけこ」を対象に、「う|く」という設定を施せば、正規表現でテキストの分割を実行することができます。

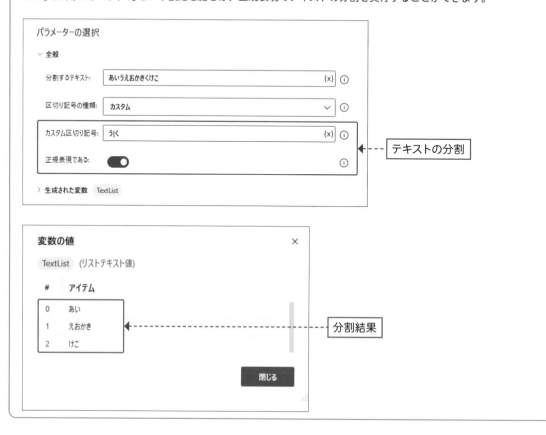

⑥ 分割した情報を確認する

ヒント

分割した年月日が格納されない場合

分割した年月日が正しく格納されない原因としては、アクションの設定ミスやフロー実行時のエラーが挙げられます。エラーペインの内容をもとに、アクションに設定している分割するテキストや区切り記号に間違いがないか確認してください。

補足

変数のピン留め

変数ペインで、変数をピン留めすると一番上に表示されるので、確認しやすくなります。変数名にマウスカーソルを合わせると変数名の左側にピンのアイコン 📌 が表示されるので、そのアイコンをクリックすることでピン留めできます。また、変数ペインのそのほかのアクションメニュー⋮から[ピン留めする]を選択することでもピン留めが可能です。

1 [保存]をクリックし、　**2** [実行]をクリックします。

3 [DateList]をダブルクリックします。

4 変数内に分割した年月日が格納されていることを確認し、

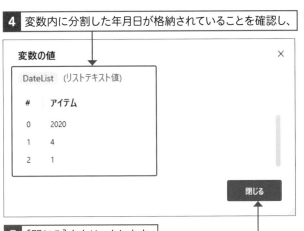

5 [閉じる]をクリックします。

取得した情報をWebページに登録しよう

ここで学ぶこと

・UI要素
・ラジオボタン
・ドロップダウンリスト

ここでは、Sec.47で取得したExcelの情報をトレーニングページに登録する方法を解説します。入力欄の設定と、ドロップダウンリストの設定があり、同じような設定を項目数分繰り返して設定します。

① Excelの情報をWebページに入力する①

解説

アクションの設定位置

Sec.47でExcelからの読み取りとテキスト分割により入力するデータの準備が完了しています。ここでは、[テキストの分割]アクションのあとに[Webページのテキストフィールドに入力する]アクションを設定します。

1 [ブラウザー自動化]→[Webフォーム入力]内の[Webページ内のテキストフィールドに入力する]をアクション10と11の間にドラッグ＆ドロップします。

```
∨ ブラウザー自動化
  ∨ Web データ抽出
      Web ページからデータを抽出する
      Web ページ上の詳細を取得し...
      Web ページ上の要素の詳細を...
      Web ページのスクリーンショットを...
  ∨ Web フォーム入力
      Web ページ上のテキスト フィール...
      Web ページ内のテキスト フィール...
      Web ページのチェック ボックスの...
      Web ページのラジオ ボタンを選...
      Web ページでドロップ ダウン リフ

      新しい Firefox を起動する
      新しい Chrome を起動する
      新しい Microsoft Edge を起動
   Abc  Web ページ内のテキスト フィール...
      Web ページに移動
      Web ページのリンクをクリック
      Web ページのダウンロード リンクをク...
```

```
3    Abc  Web ページ内のテキスト フィールド
          エミュレート入力を使ってテキスト フィール

4    Abc  Web ページ内のテキスト フィールド
          エミュレート入力を使ってテキスト フィール

5        Web ページのボタンを押します
          Web ページのボタン Button 'ログイン' を

6    ⚲   Web ページのリンクをクリック
          Webページの Div '名古屋本社' をクリッ

7        Web ページ上の要素の詳細を取
          Web ページから要素 Div '愛知県名古

10   Abc  テキストの分割
          テキスト値 要素を区切り記号 '/' で分離す

11   ↙   Excel を閉じる
          ExcelInstance に保存されている Ex
```

2 [UI要素]の右にある ∨ をクリックします。

パラメーターの選択

∨ 全般

Webブラウザー インスタンス: `%Browser%` ∨ ⓘ

UI 要素: [　　　　　　　　　] ∨ ⊜ ⓘ

補足

テキスト入力の際に物理的に キー入力を行う設定

[Webページ内のテキストフィールドに入力する]アクションの詳細設定には、[物理的にキー入力を行ってテキストを入力する]があります。システムによっては物理的にキー入力を行う設定にしないと入力されない場合があるため、そのような際に利用します。要素が正しく設定できているにも関わらず入力されない場合は、物理的にキー入力を行う設定に変更してみてください。

3 [UI要素の追加]をクリックします。

4 [顧客名]の入力欄を[Ctrl]を押しながらクリックします。

5 [テキスト]の右にある {x} をクリックします。

6 [ExcelData]をクリックし、

7 [選択]をクリックします。

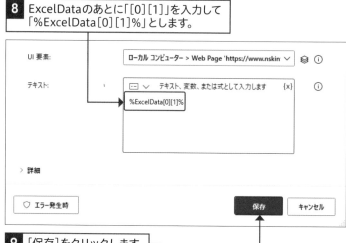

8 ExcelDataのあとに「[0][1]」を入力して「%ExcelData[0][1]%」とします。

UI 要素:	ローカル コンピューター > Web Page 'https://www.nskin ∨	
テキスト:	⊡ ∨ テキスト、変数、または式として入力します {x}	
	%ExcelData[0][1]%	

> 詳細

♡ エラー発生時   保存   キャンセル

9 [保存]をクリックします。

解説

顧客名の要素番号

Excelの読み取り結果の変数[ExcelData]を使用して入力データを設定します。データは1件のみで行の要素番号は0、顧客名列の要素番号は1のため、「%ExcelData[0][1]%」と設定します。

ExcelData (Datatable)

#	Column1	Column2
0	1	株式会社NSK

② Excelの情報をWebページに入力する②

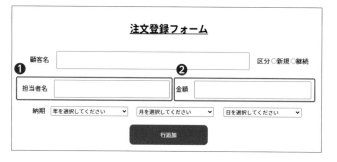

[顧客名]の入力欄の設定は以上です。この手順を参考に、[担当者名]と[金額]の入力欄への設定を行っていきます。以下の表の手順にそって設定を進めてください。

STEP／手順	STEP1	STEP2	備考
項目	アクション	UI要素	補足
❶担当者	[Webページ内のテキストフィールドに入力する]をアクション11と12の間にドラッグ&ドロップ	❶[UI要素]∨→[UI要素の追加]をクリック ❷ ⊕ Input text　担当者名 [担当者名]の入力欄を[Ctrl]+クリック ❸[テキスト]の右にある{x}をクリック ❹[ExcelData]→[選択]をクリック ❺「%ExcelData[0][2]%」に変更 ❻[保存]をクリック	<補足> 手順❺は、Excelの読み取り結果の変数[ExcelData]を使用して入力データを設定します。データは1件のみで行の要素番号は0、氏名列の要素番号は2のため、「%ExcelData[0][2]%」と設定します。 ExcelData (Datatable) 	#	Column1	Column2	Column3
0	1	株式会社NSK	田中太郎	
❷金額	[Webページ内のテキストフィールドに入力する]をアクション12と13の間にドラッグ&ドロップ	❶[UI要素]∨→[UI要素の追加]をクリック ❷ ⊕ Input text　金額 [金額]の入力欄を[Ctrl]+クリック ❸[テキスト]の右にある{x}をクリック ❹[ExcelData]→[選択]をクリック ❺「%ExcelData[0][4]%」に変更 ❻[保存]をクリック	<補足> 手順❺は、Excelの読み取り結果の変数[ExcelData]を使用して入力データを設定します。データは1件のみで行の要素番号は0、金額列の要素番号は4のため、「%ExcelData[0][4]%」と設定します。 ExcelData (Datatable) | #	Column1	Column2	Column3	Column4	Column5
---	---	---	---	---	---
0	1	株式会社NSK	田中太郎	新規	¥123,456	

③ Webページへの入力を実行する

ヒント

各情報が正常に入力されない場合

顧客名と担当者名、金額が下図の通りではなく異なる値が入力されたり、入力自体が行われないといった想定外処理の原因としては、アクションの設定ミスやフロー実行時のエラーが挙げられます。エラーペインの内容をもとに、アクションに設定している要素やテキストに間違いがないか確認してください。

注文登録フォーム		
顧客名	株式会社NSK	区分○新規○継続
担当者名	田中太郎	金額 ¥123,456

1 ☒をクリックして、トレーニングページを閉じます。

2 [保存]をクリックし、

3 [実行]をクリックします。

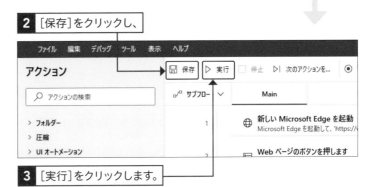

4 顧客名と担当者名、金額が入力されていることを確認します（ここでは、閉じないで次に進みます）。

住所情報

▲ 名古屋本社

愛知県名古屋市中村区那古野1丁目47番1号　名古屋国際センタービル9F

▶ 東京本社

▶ 西日本支社

注文登録フォーム

顧客名　株式会社NSK　　　　　　　　　　区分○新規○継続

担当者名　田中太郎　　金額　¥123,456

納期　年を選択してください▼　月を選択してください▼　日を選択してください▼

行追加

④ Webページのラジオボタンをクリックする

💬 解説

ラジオボタンの設定項目

ここでは、ラジオボタンのクリックを行います。ラジオボタンに対してはクリック処理のみ行うため、アクションの[全般]設定項目がブラウザインスタンスとUI要素のみとなっています。また、[詳細]設定項目には[Webページのボタンを押します]アクションと同様に[ポップアップアップダイアログが表示された場合]の設定項目が存在しています。

1 [ブラウザー自動化]→[Webフォーム入力]内の[Webページのラジオボタンを選択します]をアクション13と14の間にドラッグ＆ドロップします。

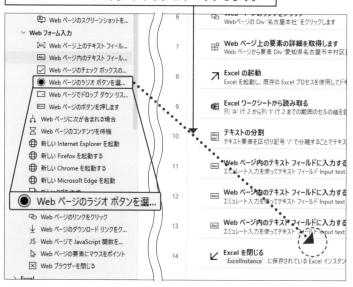

2 [UI要素]の右にある ∨ をクリックします。

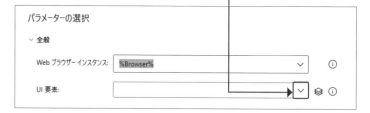

3 [UI要素の追加]をクリックします。

補足

[新規] ラジオボタンの選択

[新規]ラジオボタンの選択は選択範囲が
狭いため、まず[区分]にマウスポインタ
ーを合わせ、ゆっくりとスライドさせる
と、スムーズに選択できます。

4 [新規]ラジオボタンを Ctrl を押しながらクリックします。

5 [保存]をクリックします。

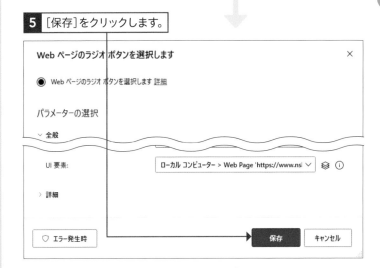

6 ✕ をクリックして、トレーニングページを閉じます。

⑤ ラジオボタンのクリックを実行する

💡 ヒント

新規のラジオボタンがクリックされない場合

新規ではなく継続のラジオボタンがクリックされたり、どちらのラジオボタンもクリックされないといったミスの原因としては、アクションの設定ミスやフロー実行時のエラーが挙げられます。エラーペインの内容をもとに、アクションに設定している要素に間違いがないか確認してください。

1 [保存]をクリックし、

2 [実行]をクリックします。

3 新規のラジオボタンがクリックされていることを確認します（ここでは、閉じないで次に進みます）。

⑥ Webページのドロップダウンリストを選択する①

💬 解説

ドロップダウンリストの取得

ここからはドロップダウンリストを選択する設定を行っていきます。まずは、[年を選択してください]のドロップダウンリストに、Excelから取得した納期の年を設定します。

1 [ブラウザー自動化] → [Webフォーム入力] 内の [Webページでドロップダウンリストの値を設定します] をアクション14と15の間にドラッグ＆ドロップします。

補足

操作の種類

[Webページでドロップダウンリストの値を設定します]アクションの[操作]には、[すべてのオプションをクリア][名前を使ってオプションを選択します][インデックスを使ってオプションを選択します]の3種類があります。ドロップダウンリストの選択をデフォルトに戻す場合は[すべてのオプションをクリア]を設定します。名前で選択する場合は[名前を使ってオプションを選択します]を設定します。何番目という順番で選択する場合は[インデックスを使ってオプションを選択します]を設定します。

2 [UI要素]の右にある ∨ をクリックします。

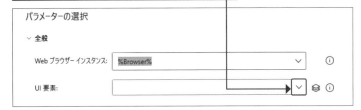

3 [UI要素の追加]をクリックします。

4 [年を選択してください]ドロップダウンリストを Ctrl を押しながらクリックします。

5 [操作]の右にある ∨ をクリックし、

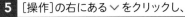

6 [名前を使ってオプションを選択します]を
クリックします。

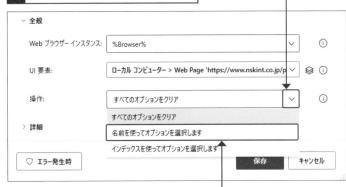

241

補足

複数選択リストも設定可能

複数選択が可能なリストに対して、複数選択を行うことも可能です。[オプション名]に複数の値が格納されているリスト型の変数を設定することで、変数に格納されている項目の全てを選択します。

2020年
2021年
2022年
2023年

List（リストテキスト値）

#	アイテム
0	2020年
1	2023年

解説

西暦の要素番号

手順⑩では、Excelから取得した納期の年月日を分割したリストを意味する変数[DateList]を使用して西暦の入力を行います。Webページには「2020年」と表示されていますが、西暦が格納されているリストの要素番号0には「2020」のみとなっています。そのため、「年」も含めて設定するために、「%DateList[0]%年」と設定します。

変数の値

DateList（リストテキスト値）

#	アイテム
0	2020
1	4
2	1

7 ［オプション名］の右にある {x} をクリックします。

8 ［DateList］をクリックし、

9 ［選択］をクリックします。

10 DateListのあとに「[0]」を、最後の%のあとに「年」と入力して、「%DateList[0]%年」とし、

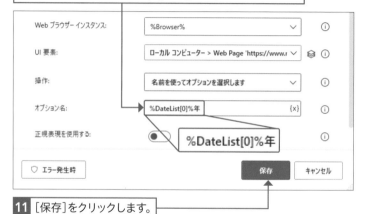

11 ［保存］をクリックします。

⑦ Webページのドロップダウンリストを選択する②

注文登録フォーム

[年を選択してください]の設定は以上です。以降はこの手順を参考に、[月を選択してください][日を選択してください]への設定を行っていきます。以下の表の手順にそって設定を進めてください。

STEP／手順	STEP1	STEP2	備考
項目	アクション	UI要素	補足
❶[月を選択してください]	[Webページでドロップダウンリストの値を設定します]をアクション15と16の間にドラッグ＆ドロップ	①[UI要素]∨→[UI要素の追加]をクリック ② 🌐 Select 月を選択してください ∨ [月を選択してください]ドロップダウンリストを[Ctrl]+クリック ③[操作]の右の∨→[名前を使ってオプションを選択します]をクリック ④[オプション名]の右にある {x} をクリック ⑤[DataList]→[選択]をクリック ⑥「%DateList[1]%月」に変更 ⑦[保存]をクリック	<補足> 手順⑥では、Excelから取得した納期を分割したリストを意味する変数[DateList]を使用して月の入力を行います。Webページには「4月」と表示されていますが、月が格納されているリストの要素番号1には「4」のみとなっています。したがって、「月」も含めて設定するために「%DateList[1]%月」と設定します。 変数の値 DateList（リストテキスト値） #　アイテム 0　2020 1　4 2　1
❷[日を選択してください]	[Webページでドロップダウンリストの値を設定します]をアクション16と17の間にドラッグ＆ドロップ	①[UI要素]∨→[UI要素の追加]をクリック ② 🌐 Select 日を選択してください ∨ [日を選択してください]ドロップダウンリストを[Ctrl]+クリック ③[操作]の右の∨→[名前を使ってオプションを選択します]をクリック ④[オプション名]の右にある {x} をクリック ⑤[DataList]→[選択]をクリック ⑥「%DateList[2]%日」に変更 ⑦[保存]をクリック	<補足> 手順⑥では、Excelから取得した納期を分割したリストを意味する変数[DateList]を使用して日の入力を行います。Webページには「1日」と表示されていますが、日が格納されているリストの要素番号2には「1」のみとなっています。したがって、「日」も含めて設定するために「%DateList[2]%日」と設定します。 変数の値 DateList（リストテキスト値） #　アイテム 0　2020 1　4 2　1

⑧ ドロップダウンリストの選択を実行する

💡 **ヒント**

納期年月日が正しく選択されない場合

選択された納期年月日が手順④と異なっていたり、選択自体が行われないといった想定外の処理の原因としては、アクションの設定ミスやフロー実行時のエラーが挙げられます。エラーペインの内容をもとに、アクションに設定している要素やオプション名に間違いがないか確認してください。

1 ☒をクリックして、トレーニングページを閉じます。

2 [保存]をクリックし、

3 [実行]をクリックします。

4 納期年月日が選択されていることを確認します。

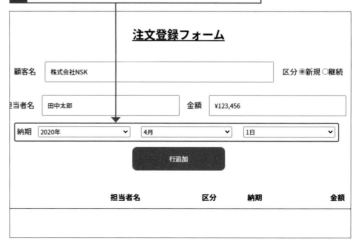

⑨ Webページのボタンをクリックする

💬 解説

注文情報の登録

注文情報の入力が完了したら、[行追加]ボタンをクリックして注文情報をWebページに登録します。そのため、[Webページでドロップダウンリストの値を設定します]アクションのあとに[Webページのボタンを押します]アクションを設定します。

1 ［ブラウザー自動化］→［Webフォーム入力］内の［Webページのボタンを押します］をアクション17と18の間にドラッグ＆ドロップします。

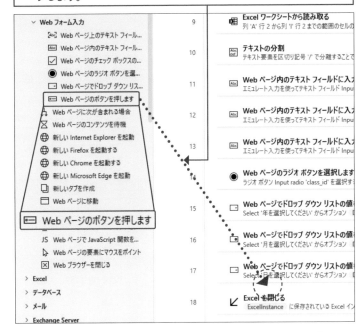

2 ［UI要素］の右にある ∨ をクリックします。

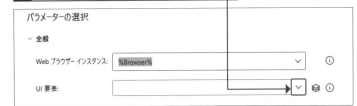

3 ［UI要素の追加］をクリックします。

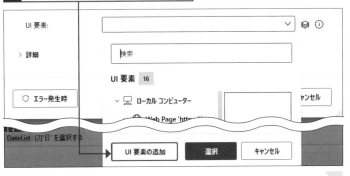

4 ［行追加］ボタンを Ctrl を押しながらクリックします。

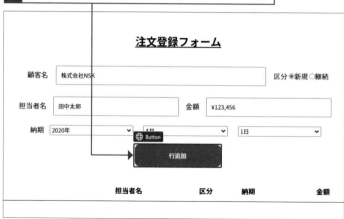

5 ［保存］をクリックします。

6 ✕ をクリックして、トレーニングページを閉じます。

⑩ 一連の流れを実行する

1 [保存]をクリックし、

2 [実行]をクリックします。

3 入力情報が登録されていることを確認します（ここでは、閉じないで次に進みます）。

ヒント

入力情報が登録されない場合

注文情報が手順**3**のように登録情報として表示されないといった想定外の処理の原因としては、アクションの設定ミスやフロー実行時のエラーが挙げられます。エラーペインの内容をもとに、アクションに設定している要素に間違いがないか確認してください。

補足 Webブラウザの変更

使用するWebブラウザを変更してもUI要素に変更がなければ、別のWebブラウザで設定したアクションをそのまま使用することが可能です。

●例）WebブラウザをMicrosoft EdgeからGoogle Chromeに変更した場合

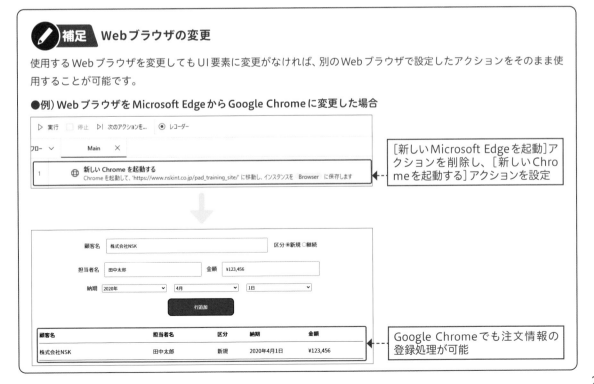

[新しいMicrosoft Edgeを起動]アクションを削除し、[新しいChromeを起動する]アクションを設定

Google Chromeでも注文情報の登録処理が可能

Section 49 Webページへ繰り返し登録しよう

ここで学ぶこと

・ループ
・プロパティ
・要素番号

ここまでWebページへの登録件数は、1件で設定してきました。ここでは登録件数をExcel内の全データに変更します。[Loop]アクションを設定して、これまで設定してきたアクションのテキストの分割部分に修正を加えていきます。

① Excel内のすべてのデータを取得する

💬 解説

Excelデータの取得方法変更

ここでは、Excelデータの取得範囲を変更するので、[Excelワークシートを読み取る]アクションを編集します。

1 アクション9の[Excelワークシートから読み取る]をダブルクリックします。

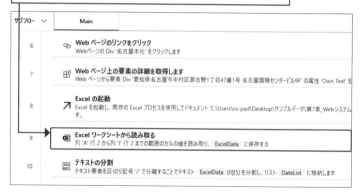

💬 解説

全セルのデータを取得

Excelデータの取得範囲をすべてのセルを取得範囲にするため、[取得]を[ワークシートに含まれる使用可能なすべての値]に変更します。列や行の設定が不要になるので、これらの項目は非表示になります。

2 [取得]の右にある ✓ をクリックし、

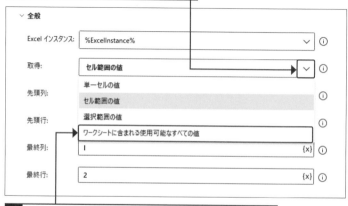

3 [ワークシートに含まれる使用可能なすべての値]をクリックします。

解説

最初の行に列名が含まれる設定

Excelの1行目はデータではなく各列の項目名が記載されているため、[範囲の最初の行に列名が含まれています] の設定を行わないと列名もデータとして取得してしまいます。ここでは、1行目をデータではなく列の項目名とするため、[範囲の最初の行に列名が含まれています] の設定を行います。

4 [詳細]をクリックします。

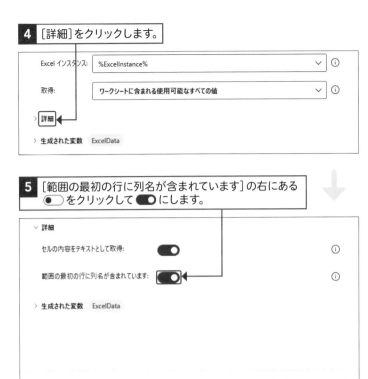

5 [範囲の最初の行に列名が含まれています] の右にある ◯ をクリックして ◯ にします。

6 [保存]をクリックします。

② 取得したデータ件数に合わせて繰り返す

解説

[Loop] アクションを使用する理由

Excelから取得したデータの件数に合わせて繰り返すため、[Loop] アクションを使用します。[For each]アクションでは繰り返し回数を変数として設定することができないため、ここでは使用しません。

1 [ループ]の > をクリックし、

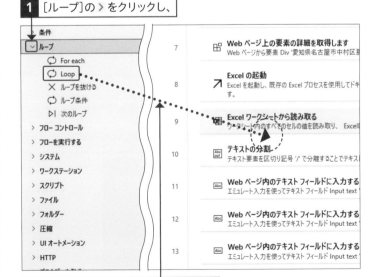

2 [Loop]をアクション9と10の間にドラッグ＆ドロップします。

解説

開始値に0を入力する理由

［開始値］には要素番号の始まりである0を設定します。Excelから取得したデータの変数［ExcelData］からデータを抽出する際は1から始まる要素数ではなく、0から始まる要素番号を使用するためです。

補足

プロパティ

変数にはデータ数や文字数など詳細情報を設定することが可能なプロパティが存在します。プロパティを設定することでより詳細な設定を行うことが可能になります。ただし、数値型の変数など一部の変数にはプロパティが存在しません。

補足

.RowsCount

「.RowsCount」とはプロパティの一種で、データの行数を表します。変数［ExcelData］の行数がデータの個数となるので［.RowsCount］プロパティを設定します。

3 ［開始値］の右の枠に「0」と入力し、

4 ［終了］の右にある {x} をクリックします。

5 ［ExcelData］の左にある〉をクリックします。

6 ［.RowsCount］をクリックし、

7 ［選択］をクリックします。

解説

-1の設定理由

[開始値]には要素番号の始まりである0が設定されているため、[終了]にも要素番号の終わりの数値を設定する必要があります。「%ExcelData.RowsCount%」という設定の場合、変数[ExcelData]の行数の値である5が設定されます。しかし変数[ExcelData]の要素番号の終わりは4のため、行数の5と要素番号の4の差分が1となります。そのため、「%ExcelData.RowsCount%」に対して-1を設定します。

変数の値

ExcelData (Datatable)

#	管理No.	顧客名	氏名	区分
0	1	株式会社NSK	田中太郎	新規
1	2	ABC株式会社	山田花子	新規
2	3	株式会社エース	鈴木一朗	継続
3	4	株式会社インターホテル	佐藤彩花	新規
4	5	有限会社タイヤ	伊藤三郎	継続

補足

アクションの複数選択

アクションを選択した状態で Shift を押しながら選択されていないアクションをクリックすると、選択したアクションからクリックしたアクションまですべてを選択できます。この選択方法は連続したアクションをまとめて選択する際に有効です。また、連続してないアクションを複数選択する場合は Ctrl を押しながらクリックすると、複数アクションを選択できます。

8 ExcelData.RowsCountのあとに「-1」と入力して「%ExcelData.RowsCount-1%」とし、

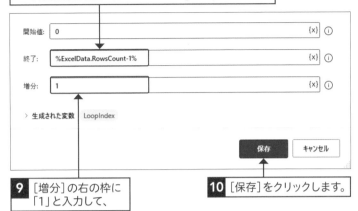

9 [増分]の右の枠に「1」と入力して、

10 [保存]をクリックします。

11 アクション12の[テキストの分割]をクリックします。

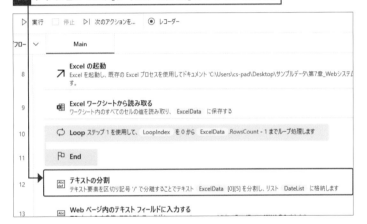

12 アクション20の[Webページのボタンを押します]を Shift を押しながらクリックします。

解説

繰り返しアクションの設定

データの数に合わせて繰り返す処理は納期の分割とデータの入力、行追加ボタンを押す処理です。その処理に該当するアクション12〜20をまとめて選択して[Loop]アクションに含まれるよう設定します。

13 選択したアクションをアクション10と11の間にドラッグ＆ドロップします。

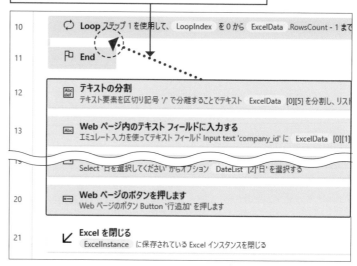

14 ☒をクリックして、トレーニングページを閉じます。

✏ 補足 [For each] アクション

繰り返しアクションには[For each]アクションも存在します。[For each]アクションは設定した変数のデータ数に合わせて繰り返し回数が設定されるアクションで、[Loop]アクションのように開始値などの数値設定が不要です。繰り返し処理するデータは[保存先]の変数に格納されます。たとえば、ここで使用している[登録情報.xlsx]の読み取り結果の変数[ExcelData]はデータテーブル型なので、変数[ExcelData]を[For each]アクションに設定した場合、[保存先]の変数を意味する変数[CurrentItem]には1行ごとのデータが格納されます。そのため、顧客名のデータを抽出する際は「%CurrentItem[1]%」と設定します。

[For each]アクション

処理対象データ

③ 繰り返しの実行・確認を行う

 解説

繰り返す処理と繰り返さない処理

[Loop] アクションの設定により注文情報の入力と登録処理を繰り返す設定になりました。しかし、Web ブラウザを起動してログインする処理や [登録情報.xlsx] を開く処理は繰り返しません。フローを実行する際は、繰り返す処理と繰り返さない処理がそれぞれ想定どおりであるか確認してください。

ヒント

正常に繰り返し登録されない場合

登録結果が手順❸と異なり、登録の繰り返しが行われないといったミスの原因としては、アクションの設定ミスやフロー実行時のエラーが挙げられます。エラーペインの内容をもとに、[Loop] アクションに設定している値やアクションの位置に間違いがないか確認してください。

1 [保存] をクリックし、

2 [実行] をクリックします。

| ファイル | 編集 | デバッグ | ツール | 表示 | ヘルプ |

アクション → 🖫 保存 ▷ 実行 ⬜ 停止 ▷| 次のアクションを... ◉

🔍 アクションの検索 　　　　　　▱ サブフロー ✓ 　　 Main

> 変数 　　　　　　　8 　　 **Excel の起動**
↗ Excel を起動し、既存の Excel プロセス

3 同じデータが繰り返し登録されていることを確認します (ここでは、閉じないで次に進みます)。

注文登録フォーム

顧客名 [株式会社NSK] 　　　　　区分 ⦿新規 ○継続

担当者名 [田中太郎] 　　　金額 [¥123,456]

納期 [2020年 ✓] [4月 ✓] [1日 ✓]

[行追加]

顧客名	担当者名	区分	納期	金額
株式会社NSK	田中太郎	新規	2020年4月1日	¥123,456
株式会社NSK	田中太郎	新規	2020年4月1日	¥123,456
株式会社NSK	田中太郎	新規	2020年4月1日	¥123,456
株式会社NSK	田中太郎	新規	2020年4月1日	¥123,456
株式会社NSK	田中太郎	新規	2020年4月1日	¥123,456

補足 [ループ条件] アクション

繰り返しアクションには [ループ条件] アクションも存在します。[ループ条件] アクションは設定した条件を満たす限り、繰り返し続けるアクションです。[ループ条件] アクション単体では繰り返し回数を設定することはできません。

たとえば、ここで [ループ条件] アクションを使用する場合、使用している [登録情報.xlsx] のデータを意味する変数 [ExcelData] に合わせて繰り返す設定を行います。繰り返し回数は別途設定する必要があるので、繰り返し回数と増分を別アクションで設定します。繰り返し回数を意味する変数 [LoopIndex] と増分を設定する [変数を大きくする] アクションを設定し、変数 [ExcelData] のデータ件数に合わせて繰り返すよう設定します。

変数 [LoopIndex] 設定

変数:	LoopIndex {x}
値:	0 　　　　　{x} ⓘ

[変数を大きくする] アクション

変数名:	%LoopIndex% 　{x} ⓘ
大きくする数値:	1 　　　　{x} ⓘ

[ループ条件] アクション

最初のオペランド:	%LoopIndex% 　{x} ⓘ
演算子:	以下である (<=) 　✓ ⓘ
2 番目のオペランド:	%ExcelData.RowsCount-1% 　{x} ⓘ

④ 繰り返しに合わせて扱うデータを変更する

繰り返しに合わせて、納期、顧客名、担当者名、金額のデータを変更して登録できるようにします。以下の表の手順にそって設定を進めてください。［区分］のラジオボタンはSec.50で設定します。

STEP／手順	STEP1	STEP2	備考
項目	アクション	テキストの分割	補足
❶納期	アクション11の［テキストの分割］をダブルクリック	❶［分割するテキスト］の右の「%ExcelData[0][5]%」の[0]を削除して「%ExcelData[][5]%」に変更。キャレットは［と］の間に配置しておく ❷同じく［分割するテキスト］の右にある{x}をクリック ❸［LoopIndex］→［選択］をクリック ❹%LoopIndex%前後の%は削除して「%ExcelData[LoopIndex][5]%」に変更 ❺続いてこの変数のLoopIndexの部分をCtrl+Cでコピー ❻［保存］をクリック	＜補足1＞ 手順❶では入力する納期データを繰り返しに合わせるため、行番号の変更を行っています。行番号とは1つ目の要素番号のことで、「%ExcelData[0][5]%」の場合、行番号は0となります。繰り返しに合わせて行番号が0〜4と変更されるように設定します。列番号は納期データを表すので変更不要ですが、行番号は扱うデータを表すので変更が必要になります。 ＜補足2＞ 手順❸で［LoopIndex］を設定するのは、扱うデータの行番号は繰り返し回数と同一であるためです。そのため、繰り返し回数を表す変数［LoopIndex］を行番号として設定します。 ＜補足3＞ 手順❺で繰り返し回数を表す変数［LoopIndex］をコピーするのは、ここでのアクション以外にも［Webページ内のテキストフィールドに入力する］アクションで使用するためです。アクションに設定するたびに%を削除する手順と変数［LoopIndex］を設定する手順を省くため、事前にコピー（Ctrl+C）して、手順❷〜❹ではペースト（Ctrl+V）することでスムーズに設定が行えます。
❷顧客名	アクション12の［Webページ内のテキストフィールドに入力する］をダブルクリック	❶［テキスト］の右の枠の「%ExcelData[0][1]%」を「%ExcelData[LoopIndex][1]%」に変更（❶行番号変更の＜補足3＞参照） ❷［保存］をクリック	手順❶では、入力する顧客名データを繰り返しに合わせるため、行番号を繰り返し回数を表す変数［LoopIndex］に変更します。このように変更することで繰り返しに合わせて扱う顧客名データを変更することが可能です。

＜補足1＞の表：

ExcelData (Datatable)

#	管理No.	顧客名	区分	金額	納期
0	1	株式会社NSK	新規	¥123,456	2020/4/1
1	2	ABC株式会社	新規	¥456,789	2022/12/10
2	3	株式会社エース	継続	¥123,789	2021/8/6
3	4	株式会社インター	新規	¥456,123	2023/7/25
4	5	有限会社タイヤ	継続	¥789,123	2022/9/30

❷顧客名の表：

ExcelData (Datatable)

#	管理No.	顧客名	氏名	区分	金額
0	1	株式会社NSK	田中太郎	新規	¥123,456
1	2	ABC株式会社	山田花子	新規	¥456,789
2	3	株式会社エース	鈴木一朗	継続	¥123,789
3	4	株式会社インターホテル	佐藤彩花	新規	¥456,123
4	5	有限会社タイヤ	伊藤三郎	継続	¥789,123

STEP／手順	STEP1	STEP2	備考
項目	アクション	テキストの分割	補足
❸担当者名	アクション13の[Webページ内のテキストフィールドに入力する]をダブルクリック	❶[テキスト]の右の枠の「%ExcelData[0][2]%」を「%ExcelData[LoopIndex][2]%」に変更（❶行番号変更の＜補足3＞参照）❷[保存]をクリック	手順❶では、入力する担当者名データを繰り返しに合わせるため、行番号を繰り返し回数を表す変数[LoopIndex]に変更します。このように変更することで、繰り返しに合わせて扱う担当者名データを変更することが可能です。
❹金額	アクション14の[Webページ内のテキストフィールドに入力する]をダブルクリック	❶[テキスト]の右の枠の「%ExcelData[0][4]%」を「%ExcelData[LoopIndex][4]%」に変更（❶行番号変更の＜補足3＞参照）❷[保存]をクリック	手順❶では、入力する金額データを繰り返しに合わせるため、行番号を繰り返し回数を表す変数[LoopIndex]に変更します。このように変更することで、繰り返しに合わせて扱う金額データを変更することが可能です。

ExcelData (Datatable)（❸の補足）

#	管理No.	顧客名	氏名	区分	金額
0	1	株式会社NSK	田中太郎	新規	¥123,456
1	2	ABC株式会社	山田花子	新規	¥456,789
2	3	株式会社エース	鈴木一朗	継続	¥123,789
3	4	株式会社インターホテル	佐藤彩花	新規	¥456,123
4	5	有限会社タイヤ	伊藤三郎	継続	¥789,123

ExcelData (Datatable)（❹の補足）

#	管理No.	顧客名	氏名	区分	金額
0	1	株式会社NSK	田中太郎	新規	¥123,456
1	2	ABC株式会社	山田花子	新規	¥456,789
2	3	株式会社エース	鈴木一朗	継続	¥123,789
3	4	株式会社インターホテル	佐藤彩花	新規	¥456,123
4	5	有限会社タイヤ	伊藤三郎	継続	¥789,123

以上の設定が終了したら、✕をクリックしてトレーニングページを閉じます。

⑤ 一連の流れを実行・確認する

ヒント

繰り返しに合わせて登録されない場合

注文情報が手順③と異なり、同一データが繰り返し登録されてしまうといった想定外処理の原因としては、アクションの設定のミスやフロー実行時のエラーが挙げられます。エラーペインの内容をもとに、アクションに設定している値に間違いがないか確認してください。

1 [保存]をクリックし、

2 [実行]をクリックします。

3 繰り返しに合わせてデータが登録されていることを確認します（ここでは、閉じないで次に進みます）。

📝補足 実行中アクション、エラーアクションの確認

実行中のアクションは青色で囲まれるので、どのアクションを実行しているのか確認することができます。また、エラーが発生したアクションは枠が赤色に変更され、左側に赤い記号 ① が表示されるので、エラーアクションも確認することが可能です。

補足　フローデザイナーのレイアウト表示について

任意の幅に変更したアクションペインや変数ペインはデフォルトの幅に戻すことが可能です。デザイナー画面の表示メニューの［既定のレイアウト］をクリックすると、アクションペインや変数ペインの幅がデフォルトの幅に戻ります。

各ペインの幅を広げた
デザイナー画面

表示メニュー

各ペインの幅がデフォルトの
デザイナー画面

Section 50

条件に合わせてラジオボタンをクリックしよう

ここで学ぶこと

・条件分岐
・比較する値
・新規／継続

ここでは、［登録情報.xlsx］の「区分」のデータを条件として、［新規］と［継続］のラジオボタンが自動的にクリックされていく設定を解説します。追加するアクションの配置場所と要素番号を間違えないように設定していくことがポイントです。

① Excelの値に合わせた条件分岐を設定する

解説

［Switch］アクションを使用する理由

1つの値を基準として複数の条件分岐設定を行う場合には、［Switch］アクションを使用します。［If］アクションでも同様に複数の条件分岐設定を行うことは可能ですが、［Switch］アクションのほうがよりかんたんに設定できるため、ここでは［Switch］アクションを使用します。

1 ［条件］の ＞ をクリックし、

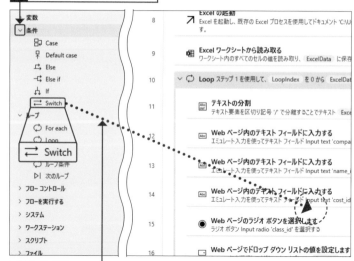

2 ［Switch］をアクション14と15の間にドラッグ＆ドロップします。

3 ［チェックする値］の右にある {x} をクリックします。

4 [ExcelData]をクリックし、

5 [選択]をクリックします。

チェックする値

[チェックする値]には条件分岐の基準となる値を設定します。ここでは[登録情報.xlsx]の「区分」のデータが基準となるように設定します。

キャレット

キャレットとは文字の入力位置を示す点滅している縦棒のことです。Excelの読み取り結果の変数[ExcelData]の要素番号を設定するために、要素番号を示す括弧の間にキャレットを移動します。

6 ExcelDataのあとに「[ ]」を入力し、[ ]の中央にキャレットを移動します。

%ExcelData[]%

7 [チェックする値]の右にある {x} をクリックします。

8 [LoopIndex]をクリックし、

9 [選択]をクリックします。

行の要素番号を設定

Excelの読み取り結果の変数[ExcelData]の型はデータテーブル型なので、行と列の要素番号を設定する必要があります。行の要素番号は繰り返し回数と同一なので、繰り返し回数を表す変数[LoopIndex]を設定します。

解説

列の要素番号を設定

Excelの読み取り結果の変数[ExcelData]の型はデータテーブル型なので、行と列の要素番号を設定する必要があります。列の要素番号は「区分」の要素番号になるので[3]を設定します。

10 LoopIndex前後の%を削除し、「[3]」を入力して「%ExcelData[LoopIndex][3]%」と変更します。

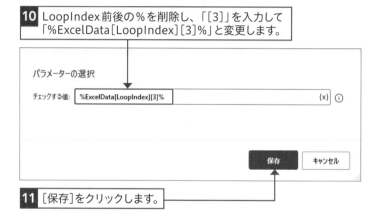

11 [保存]をクリックします。

② 条件に合わせてクリックする

解説

比較する値

[比較する値]には[Switch]アクションの[チェックする値]に設定した値と比較する値を設定します。「区分」のデータが[新規]の場合の設定を行うので、[演算子]は[等しい]から変更せず、[比較する値]に[新規]と設定します。

1 [条件]内の[Case]をアクション15と16の間にドラッグ＆ドロップします。

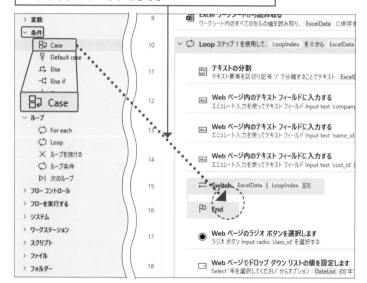

2 [比較する値]の右の枠に「新規」と入力し、

3 [保存]をクリックします。

[新規]のラジオボタン選択アクションの移動

「区分」が[新規]の条件分岐の設定が完了したので、[新規]の条件に当てはまる場合のみ処理を行うアクションを[Case]アクションに続く形になるよう移動します。

4 アクション18の[Webページのラジオボタンを選択します]をアクション16と17の間にドラッグ＆ドロップします。

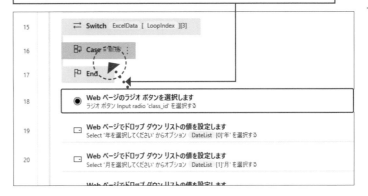

5 [条件]内の[Case]をアクション17と18の間にドラッグ＆ドロップします。

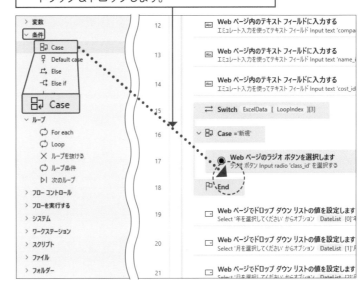

補足

2つ目の条件分岐設定

2つ目の条件分岐として「区分」が[継続]の場合の設定を行います。チェックする値は[Switch]アクションの[チェックする値]に設定した値なので、[Switch]アクションの設定は不要です。[Case]アクションの設定のみ必要なので、[比較する値]に[継続]と設定します。

6 [比較する値]の右の枠に「継続」と入力します。

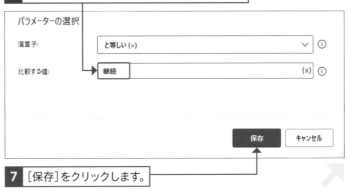

7 [保存]をクリックします。

補足

[継続]の条件分岐設定完了

「区分」が[継続]の場合の条件分岐の設定が完了したので、[継続]の条件に当てはまる場合のみ処理を行うアクションを[Case]アクションに続く形で設定します。

解説

[継続]のラジオボタン選択アクションの設定

[継続]のラジオボタンを選択するアクションは設定していないので追加します。新規のラジオボタンの設定と同様にUI要素を追加して設定を行います。

8 [ブラウザー自動化]→[Webフォーム入力]内の[Webページのラジオボタンを選択します]をアクション18と19の間にドラッグ＆ドロップします。

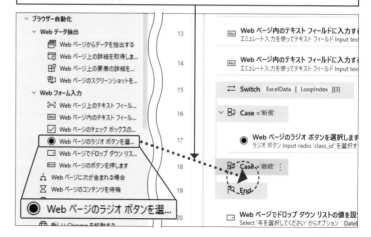

9 [UI要素]の右にある ∨ をクリックします。

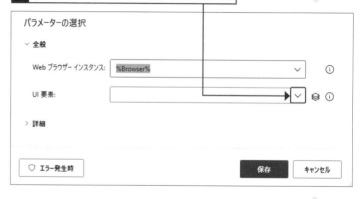

10 [UI要素の追加]をクリックします。

補足

クリック箇所のUI要素

[継続]のラジオボタンの要素を取得する
際は、要素が[Input radio]という赤枠
に囲まれているのを確認したうえで、要
素取得の操作である[Ctrl]を押しながらク
リックします。間違った要素を取得して
しまうと、[継続]のラジオボタンをクリ
ックすることができないので注意してく
ださい。

11 [継続]ラジオボタンを[Ctrl]を押しながらクリックします。

注文登録フォーム

限会社タイヤ   区分 ◉新規 ⚪継続   ⊕ Input radio

三郎   金額   ¥789,123

12 [保存]をクリックします。

パラメーターの選択

∨ 全般

Web ブラウザー インスタンス: %Browser%   ∨   ⓘ

UI 要素: ローカル コンピューター > Web Page 'https://www.nskint.co.jp/p ∨   ▧ ⓘ

> 詳細

♡ エラー発生時   →   保存   キャンセル

13 ✕ をクリックして、トレーニングページを閉じます。

③ 条件分岐を実行・確認する

ヒント

**取得した情報に合わせて
クリックされていない場合**

注文情報が手順**3**と異なり、区分がすべ
て同じになってしまうといった想定外の
処理の原因としては、アクションの設定
ミスやフロー実行時のエラーが挙げられ
ます。エラーペインの内容をもとに、ア
クションに設定している値やUI要素に
間違いがないか確認してください。

顧客名	担当者名	区分	納期
株式会社NSK	田中太郎	新規	2020年4月1
ABC株式会社	山田花子	新規	2022年12月
株式会社エース	鈴木一朗	新規	2021年8月
株式会社インターホテル	佐藤彩花	新規	2023年7月
有限会社タイヤ	伊藤三郎	新規	2022年9月

1 [保存]をクリックし、   **2** [実行]をクリックします。

ファイル   編集   デバッグ   ツール   表示   ヘルプ

アクション   🖫 保存   ▷ 実行   ☐ 停止   ▷| 次のアクションを...   ◉

🔎 アクションの検索   ᴑᴾ サブフロー ∨   Main

3 取得した情報に合わせてラジオボタンがクリックされてい
ることを確認します（ここでは、閉じないで次に進みます）。

担当者名 伊藤三郎   金額 ¥789,123

納期 2022年 ∨   9月 ∨   30日 ∨

行追加

顧客名	担当者名	区分	納期	金額
株式会社NSK	田中太郎	新規	2020年4月1日	¥123,456
ABC株式会社	山田花子	新規	2022年12月10日	¥456,789
株式会社エース	鈴木一朗	継続	2021年8月6日	¥123,789
株式会社インターホテル	佐藤彩花	新規	2023年7月25日	¥456,123
有限会社タイヤ	伊藤三郎	継続	2022年9月30日	¥789,123

51 条件に合わせてWebページから情報を取得しよう

ここで学ぶこと

- Switch
- 条件分岐
- Case

送付先事務所の名古屋本社、東京本社、西日本支社といった[登録情報.xlsx]の値に合わせて条件分岐を設定し、その設定をもとにWebページから情報を取得、取得した情報を[登録情報.xlsx]に書き込む設定を解説していきます。

① Excelの値に合わせた条件分岐を設定する①

💬 解説

[Switch] アクションの設定場所

Excelから取得した情報の処理は、注文登録のあとに続いて行います。そのため、登録処理である[行追加]ボタンをクリックしたアクションの次に[Switch]アクションを設定します。

1 [条件]内の[Switch]をアクション24と25の間にドラッグ＆ドロップします。

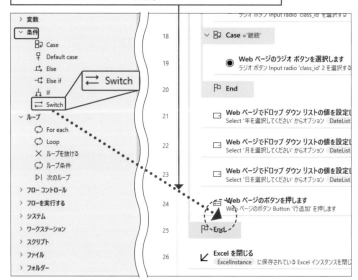

2 [チェックする値]の右にある {x} をクリックします。

補足

変数名を入力する

変数の設定は選択する方法だけでなく、入力する方法もあります。変数を設定する項目に「%変数名%」のルールで入力することで、選択しなくても変数の設定を行うことが可能です。変数名を%%で囲まないと、変数として認識されないので注意してください。たとえば、変数名を%%で囲まずに「ExcelData」と入力すると、変数ではなくテキストを意味する'ExcelData'として設定されてしまいます。

変数[ExcelData]

⇄ Switch ExcelData ⋮

テキスト 'ExcelData'

⇄ Switch 'ExcelData' ⋮

解説

送付先事業所によって分岐する条件を設定

[登録情報.xlsx]の「送付先事業所」のデータが条件分岐の基準となるよう設定します。そのため、Excelの読み取り結果の変数[ExcelData]を選択したあとに要素番号の設定を行います。

3 [ExcelData]をクリックし、

4 [選択]をクリックします。

5 ExcelDataのあとに「[ ]」を入力し、[ ]の中央にキャレットを移動します。

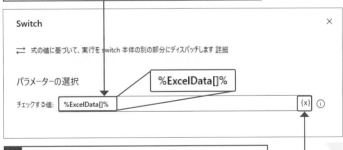

6 [チェックする値]の右にある {x} をクリックします。

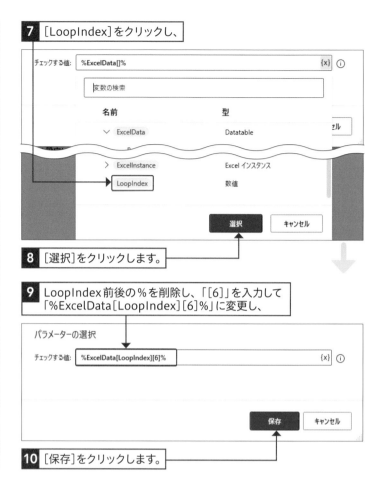

解説

行の要素番号を設定

繰り返しに合わせて扱うデータを変更するよう設定します。そのため、行の要素番号は繰り返し回数を表す変数[LoopIndex]を設定します。

7 [LoopIndex]をクリックし、

8 [選択]をクリックします。

9 LoopIndex前後の%を削除し、「[6]」を入力して「%ExcelData[LoopIndex][6]%」に変更し、

パラメーターの選択

チェックする値: %ExcelData[LoopIndex][6]%

10 [保存]をクリックします。

解説

列の要素番号を設定

繰り返しに合わせて扱うデータを変更するよう設定します。扱うデータの列に関しては、繰り返しても変わらず[送付先事業所]列になるため、列の要素番号は[送付先事業所]列の要素番号を表す[6]を設定します。

② Excelの値に合わせた条件分岐を設定する②

以降は、以下の表にそって、「送付先事務所」のデータ(名古屋本社、東京本社、西日本支社)に合わせて条件分岐していく設定を行っていきます。なお、ここでは[Case]アクションを利用します。[Switch]アクションと対になるアクションは[Case]であり、[If]アクションと対になるアクションの[Else]は使用できないので注意してください。

STEP／手順	STEP1	STEP2	備考
項目	アクション	比較する値	補足
❶名古屋本社の場合	[Case]をアクション25と26の間にドラッグ＆ドロップ	❶[比較する値]の右の枠に「名古屋本社」と入力 ❷[保存]をクリック	[送付先事業所]が「名古屋本社」と等しい場合の条件を設定します。そのため、[演算子]は[と等しい]のまま変更せず、[比較する値]に「名古屋本社」と設定します。
❷東京本社の場合	[Case]をアクション26と27の間にドラッグ＆ドロップ	❶[比較する値]の右の枠に「東京本社」と入力 ❷[保存]をクリック	[送付先事業所]が「東京本社」と等しい場合の条件を設定します。そのため、[演算子]は[と等しい]のまま変更せず、[比較する値]に「東京本社」と設定します。
❸西日本支社の場合	[Case]をアクション27と28の間にドラッグ＆ドロップ	❶[比較する値]の右の枠に「西日本支社」と入力 ❷[保存]をクリック	[送付先事業所]が「西日本支社」と等しい場合の条件を設定します。そのため、[演算子]は[と等しい]のまま変更せず、[比較する値]に「西日本支社」と設定します。

解説

住所を取得するアクションの設定場所変更

名古屋本社の住所を取得している［Webページ上の要素の詳細を取得します］アクションの場所を変更します。［送付先事業所］が［名古屋本社］の場合のみ実行する場所へ移動するため、Ctrl＋Xでアクションを切り取ります。

解説

［Case］アクションをクリックする理由

切り取った名古屋本社の住所を取得するアクションを、［送付先事業所］が［名古屋本社］である条件を意味する［Case］アクションの次に貼り付けます。貼り付けられる位置は選択したアクションの上になるため、［送付先事業所］が［東京本社］である条件を意味する［Case］アクションをクリックします。

解説

［Webページのリンクをクリック］アクションの複製

名古屋本社の住所を表示するために設定している［Webページのリンクをクリック］アクションを複製し、東京本社と西日本支社の住所を表示するためのアクションを設定します。

---

1 アクション7の［Webページ上の要素の詳細を取得します］をクリックし、

6	**Webページのリンクをクリック** Webページの Div '名古屋本社' をクリックします
7	**Webページ上の要素の詳細を取得します** Webページから要素 Div '愛知県名古屋市中村区那古野1丁目47番1号 名古屋国際センタービル9F' の属
8	**Excel の起動** Excel を起動し、既存の Excel プロセスを使用してドキュメント 'C:\Users\cs-pad\Desktop\サンプルデータ\第 す。

2 Ctrl を押しながら X を押します。

3 アクション26の［Case='東京本社'］をクリックし、

23	**Webページのボタンを押します** Webページのボタン Button '行追加' を押します
24	**Switch** ExcelData [LoopIndex][6]
25	**Case** ='名古屋本社'
26	**Case** ='東京本社'
27	**Case** ='西日本支社'

4 Ctrl を押しながら V を押します。

5 アクション6の［Webページのリンクをクリック］をクリックし、

5	**Webページのボタンを押します** Webページのボタン Button 'ログイン' を押します
6	**Webページのリンクをクリック** Webページの Div '名古屋本社' をクリックします
7	**Excel の起動** Excel を起動し、既存の Excel プロセスを使用してドキュメント 'C:\Users\cs-pad\Desktop\サンプルデータ\第 す。

6 Ctrl を押しながら C を押します。

7 続けて Ctrl を押しながら V を押します。
これをもう1回繰り返します。

5	**Webページのボタンを押します** Webページのボタン Button 'ログイン' を押します
6	**Webページのリンクをクリック** Webページの Div '名古屋本社' をクリックします
7	**Webページのリンクをクリック** Webページの Div '名古屋本社' をクリックします

解説

同一アクションを計2回複製

設定に必要なのは東京本社と西日本支社の2箇所なので、[Webページのリンクをクリック]も計2回複製します。

補足

UI要素変更時は消去不要

既存のUI要素を変更する際は、[UI要素]項目の既存の内容を消去する必要はありません。[UI要素]には1つのUI要素しか設定できず、変更することで既存の設定が上書きされます。複数の設定が可能な[テキスト]項目では、変更しても既存の設定が残ってしまうため既存の内容の消去が必要です。

8 アクション7の[Webページのリンクをクリック]をダブルクリックします。

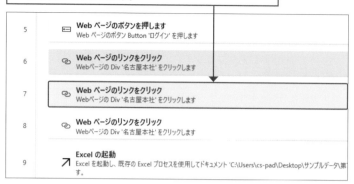

9 [UI要素]の右にある ∨ をクリックします。

10 [UI要素の追加]をクリックします。

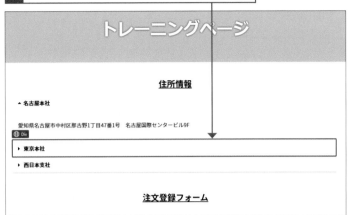

解説

取得箇所のUI要素

Webページ上に表示された東京本社の要素を取得する際は、要素が[Div]という赤枠に囲まれているのを確認したうえで、要素取得の操作である Ctrl を押しながらクリックします。間違った要素を取得してしまうと、Webページ上に表示された東京本社をクリックすることができないので注意してください。

12 [保存]をクリックします。

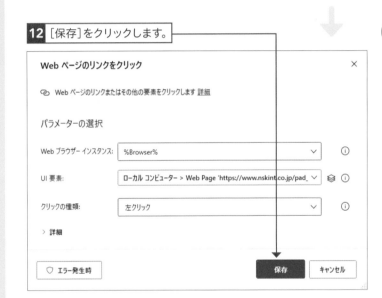

補足

クリック後の画面遷移

詳細設定の[ページが読み込まれるまで待機します]に関しては、ほかのページに遷移するときに有効です。しかし、ここではページ内でタブを開くため有効ではありません。

13 アクション8の[Webページのリンクをクリック]をダブルクリックします。

解説

取得箇所のUI要素

手順⓰でWebページ上に表示された西日本支社の要素を取得する際は、要素が[Div]という赤枠に囲まれているのを確認したうえで、要素取得の操作であるCtrlを押しながらクリックします。間違った要素を取得してしまうと、Webページ上に表示された西日本支社をクリックすることができないので注意してください。

14 [UI要素]の右にある ∨ をクリックします。

15 [UI要素の追加]をクリックします。

16 [西日本支社]をCtrlを押しながらクリックします。

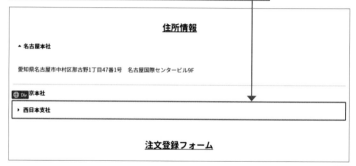

17 [保存]をクリックします。

UI 要素:	ローカル コンピューター > Web Page 'https://www.nskint ∨
クリックの種類:	左クリック ∨
> 詳細	
♡ エラー発生時	保存　キャンセル

④ 条件をもとにWebページから情報を取得する②

ここまでの手順を参考に、以降は住所を取得するアクションの複製を行い、既存の設定からUI要素を変更して、東京本社の住所、そして西日本支社の住所を取得する設定にします。以下の表を参考に設定を行ってください。

STEP／手順	STEP1	STEP2
項目	アクション	UI 要素
	❶アクション28の[Webページ上の要素の詳細を取得します]をクリック ❷続いて[Ctrl]を押しながら[C]を押す ❸アクション30の[Case='西日本支社']をクリックし、続いて[Ctrl]を押しながら[V]を押す	❶複製したアクション30の[Webページ上の要素の詳細を取得します]をダブルクリック（左下の補足画面参照） ❷[UI要素]の右の∨→[UI要素の追加]をクリック ❸ 愛知県名古屋市中村区那古野1丁目47番1号　名古屋国際センタービル9F ⊕ Anchor ▶ 東京本社 ▶ 西日本支社 [東京本社]をクリック ❹ 愛知県名古屋市中村区那古野1丁目47番1号　名古屋国際センタービル9F ⊕ Div 京本社 東京都新宿区西新宿1丁目25番1号　新宿センタービル47F ▶ 西日本支社 [東京都新宿区西新宿1丁目25番1号　新宿センタービル47F]を[Ctrl]を押しながらクリック ❺[保存]をクリック
	補足	
❶東京本社	手順❸では、コピーした名古屋本社の住所を取得するアクションを、[送付先事業所]が[東京本社]である条件を意味する[Case]アクションの次に貼り付けます。貼り付けられる位置は選択したアクションの上になるため、貼り付けられる位置の下のアクションである[送付先事業所]が[西日本支社]である条件を意味する[Case]アクションをクリックします。この手順❸の操作を行うと以下のような画面になります。 ⇄ Switch ExcelData [LoopIndex]列 ∨ Case ='名古屋本社' 　⊞ Webページ上の要素の詳細を取得します 　Webページから要素 Div '愛知県名古屋市中村区那古野1丁目47番1号 名古屋国際センタ ∨ Case ='東京本社' 　⊞ Webページ上の要素の詳細を取得します 　Webページから要素 Div '愛知県名古屋市中村区那古野1丁目47番1号 名古屋国際センタ 　Case ='西日本支社' 　End End	ここで取得する要素は東京本社の住所ですが、Webページ上の[東京本社]をクリックしないと住所を表示することができません。そのため手順❸で[東京本社]をクリックしています。つまり、住所を表示してから要素取得を行うため、まず要素取得ではない通常のクリックを行って東京本社の住所を表示しているわけです。そして、表示された東京本社の住所を対象に、要素取得として[Ctrl]を押しながらのクリックを行います。

STEP／手順	STEP1	STEP2
項目	アクション	UI要素
❷西日本支社	❶アクション30の［Webページ上の要素の詳細を取得します］をクリック ❷続いて Ctrl を押しながら C を押す ❸アクション33の［End］をクリックし、続いて Ctrl を押しながら V を押す	❶複製したアクション32の［Webページ上の要素の詳細を取得します］をダブルクリック ❷［UI要素］の右の ✓ →［UI要素の追加］をクリック ③ 愛知県名古屋市中村区那古野1丁目47番1号　名古屋国際センタービル9F ▲ 東京本社 東京都新宿区西新宿1丁目25番1号　新宿センタービル47F 西日本支社 ［西日本支社］をクリック ④ 東京都新宿区西新宿1丁目25番1号　新宿センタービル47F 日本支社 島根県松江市朝日町480番地8　松江SKYビル3F ［島根県松江市朝日町480番地8　松江SKYビル3F］を Ctrl を押しながらクリック ❺［保存］をクリック

	補足
	ここで取得する要素は西日本支社の住所ですが、Webページ上の［西日本支社］をクリックしないと住所を表示することができません。そのため手順❸で［西日本支社］をクリックしています。つまり、住所を表示してから要素取得を行うため、まず要素取得ではない通常のクリックを行って西日本支社の住所を表示しているわけです。そして、表示された西日本支社の住所を対象に、要素取得として Ctrl を押しながらのクリックを行います。

⑤ 取得した情報を Excel へ書き込む

💬 解説

［Excelワークシートに書き込む］アクションの設定位置

送付先住所の取得後に［登録情報.xlsx］に書き込む処理を行うよう設定します。そのため、［送付先事業所］による条件分岐の［End］アクションの次に［Excelワークシートに書き込む］アクションを設定します。

1 ［Excel］内の［Excelワークシートに書き込む］をアクション33と34の間にドラッグ＆ドロップします。

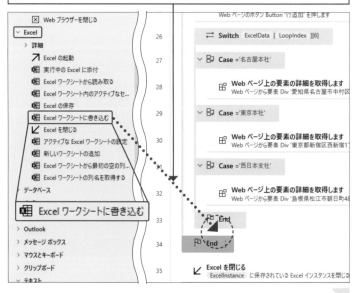

💬 解説

Excelに書き込む変数の設定

取得した送付先住所をExcelに書き込む設定を行います。そのため、Sec.46で取得した送付先住所を意味する変数[Address]を[書き込む値]に選択します。

💬 解説

書き込む列の設定

送付先住所を書き込む列はH列で確定しています。そのため、変数ではなく「H」を[列]に設定します。

2 [書き込む値]の右にある{x}をクリックします。

3 [Address]をクリックし、

4 [選択]をクリックします。

5 [列]の右の枠に「H」と入力し、

書き込む値:	%Address% {x}
書き込みモード:	指定したセル上
列:	H {x}
行:	| {x}

♡ エラー発生時　　　　保存　キャンセル

6 [行]の右にある{x}をクリックします。

解説

書き込む行の設定

送付先住所を書き込む行は、繰り返しに合わせます。そのため、繰り返し回数を意味する変数[LoopIndex]を[行]に設定します。

解説

+2を設定する理由

繰り返し回数を意味する変数[LoopIndex]の初期値は0となっており、[登録情報.xlsx]のデータ1件目の行番号である2と一致していません。送付先住所を適切な行に書き込むため、手順**9**では繰り返し回数を意味する変数[LoopIndex]に2を加算した値を書き込む行として設定します。

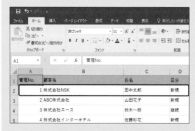

補足

貼り付け場所を指定するクリックは不要

送付先住所と登録チェックを書き込む処理は連続して行うため、[Excelワークシートに書き込む]アクションも連続した場所に複製します。そのため、貼り付け場所を指定するためのクリックは不要です。

7 [LoopIndex]をクリックし、

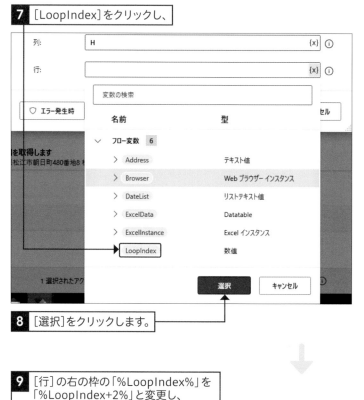

8 [選択]をクリックします。

9 [行]の右の枠の「%LoopIndex%」を「%LoopIndex+2%」と変更し、

10 [保存]をクリックします。

11 アクション34の[Excelワークシートに書き込む]をクリックして、Ctrlを押しながらCを押し、続けてVを押します。

解説

書き込むアクションの複製

送付先住所の書き込みに続き、登録チェックを書き込むアクションも設定します。そのため、送付先住所を書き込む[Excelワークシートに書き込む]アクションを複製し、「登録チェック」を書き込むアクションとして設定します。

解説

書き込む値の設定

注文情報の登録と送付先住所のExcel入力が完了したデータは「登録チェック」に「済」と記載します。そのため、[書き込む値]に「済」と設定します。

解説

書き込む列のみ変更

登録チェックを書き込む列はI列なので、[列]の値を既存の「H」から「I」に変更します。また、書き込む行は変わらず繰り返しに合わせる設定なので、既存の設定からの変更は不要です。

12 複製したアクション35の[Excelワークシート書き込む]をダブルクリックします。

13 [書き込む値]の右の枠を「済」と変更し、

14 [列]の右の枠を「I」(アルファベットのアイ)と変更して、

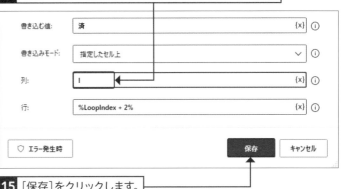

15 [保存]をクリックします。

275

⑥ Excelを上書き保存して閉じる

💬 **解説**

Excelを上書き保存して閉じる設定

ここでの設定は、[登録情報.xlsx]に対してデータを読み取ったあとに送付先住所と登録チェックを書き込む処理をしているため、[登録情報.xlsx]を閉じる前に保存する必要があります。そのため[Excelを閉じる前]は[ドキュメントを保存]と設定し、上書き保存してからExcelを閉じる設定とします。

1 アクション37の[Excelを閉じる]をダブルクリックします。

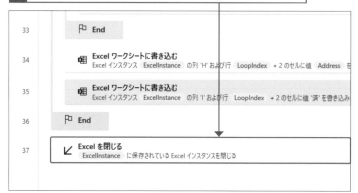

2 [Excelを閉じる前]の右にある ∨ をクリックし、

3 [ドキュメントを保存]をクリックします。

4 [保存]をクリックします。

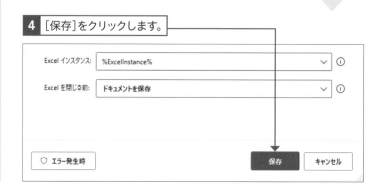

⑦ Webブラウザを閉じる

💬 解説

[Webブラウザーを閉じる] アクションの設定場所

すべての処理が終了するとWebブラウザは不要となるので閉じる必要があります。そのため、フローの最後に[Webブラウザーを閉じる]アクションを設定します。

1 [ブラウザー自動化]内の[Webブラウザーを閉じる]をアクション37の下にドラッグ＆ドロップします。

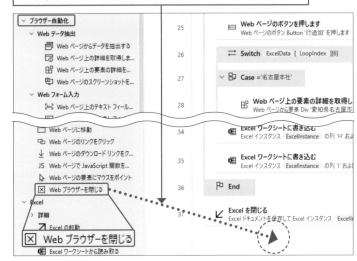

2 [保存]をクリックします。

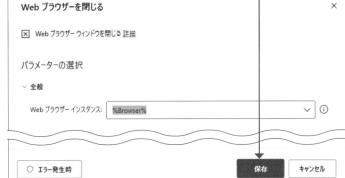

3 ✕をクリックして、トレーニングページを閉じます。

⑧ 一連の流れを実行する

💡 ヒント

取得した内容が Excel に書き込まれない場合

処理後の[注文情報.xlsx]が手順③と異なり、入力されていなかったり全行が同じ内容になってしまっているといったミスの原因としては、アクションの設定ミスやフロー実行時のエラーが挙げられます。エラーペインの内容をもとに、アクションに設定している値や UI 要素に間違いがないか確認してください。

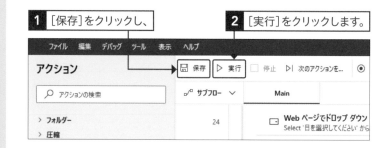

1 [保存]をクリックし、

2 [実行]をクリックします。

3 取得した内容が[注文情報.xlsx]に書き込まれているのを確認します。

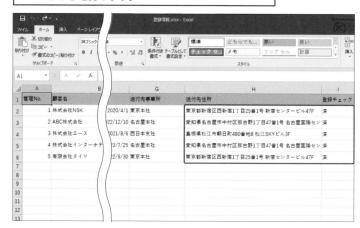

 [Default case] アクション

[Switch]アクションの条件分岐の設定には[Case]アクションだけでなく、[Default case]アクションも存在しています。[Default case]アクションは[Case]アクションで設定した条件を満たさない場合に分岐するアクションとなっており、「それ以外」のイメージで使用することが可能です。

右図のフロー例では変数[DayOfWeek]を基準とし、[Case]アクションで土曜日と日曜日の条件分岐を設定し、[Default case]アクションで土日以外、つまり平日の条件分岐を設定しています。

第 **8** 章

Outlookのメール操作を自動化しよう

Section 52 作成するフローを確認しよう

ここで学ぶこと

・フローの内容
・フローの作成順序
・Outlookの送信設定

ここでは、Outlookを起動して自身へメールを送信し、受信したメールの内容をExcelに転記したあとに返信を行うフローを作成します。受信トレイから取得した時点のメールの数分Excelへ内容を出力します。

① 本章で作成するフロー

本章では、Outlookでメールを自動で送受信および返信し、受信したメールの内容をExcelに書き込むフローを作成します。一連の流れを応用することで、たとえば添付ファイル付きのメール判別して、その添付ファイルを所定のフォルダーへ保存することができるようになります。またほかの章と組み合わせることでメールの情報をWebページに登録するといったことも可能になります。

❶Outlookを起動して、自分のアドレス宛に新規メールを送付

❷受信トレイより所定の件名のメールの一覧を取得

❹❶で送付したメールに対してメールを返信

❸取得したメール一覧をExcelに転記して保存

なお、本章ではSectionをまたいだ状態で連続した手順として解説しています。そのため、アクショングループが展開されている場合は、そのことを前提で解説しています。また、PADからOutlookを操作すると、「Outlookが他のプログラムによって使用されています」というメッセージが表示されることがあります。

② フローの作成順序

▶ STEP1 Outlookでメールの送信・受信・返信の設定

Sec.53〜55では、Outlookからメールを送信、受信メールの内容を取得して返信を行う処理を設定します。STEP1を完了すると、Outlookを開いてメールを送信し、受信メールの内容を取得して返信し、Outlookを閉じることが可能になります。

▶ STEP2 取得したメールの件数分繰り返し、取得内容をポップアップ表示設定

Sec.56では、取得したメールの件名をポップアップに表示する処理を取得メールの件数分繰り返す処理を設定します。STEP2を完了すると、取得メールの内容をポップアップに表示する処理を取得メールの件数分繰り返すことが可能になります。

▶ STEP3 取得したメール情報をExcelに書き込み、別名保存して閉じる設定

Sec.57では、繰り返しのたびに取得したメール情報を[受信メール一覧_ひな型.xlsx]に書き込み、別名保存して閉じる処理を設定します。STEP3を完了すると、取得したメール情報をExcelに書き込み、別名保存して閉じる処理を行うことが可能になります。

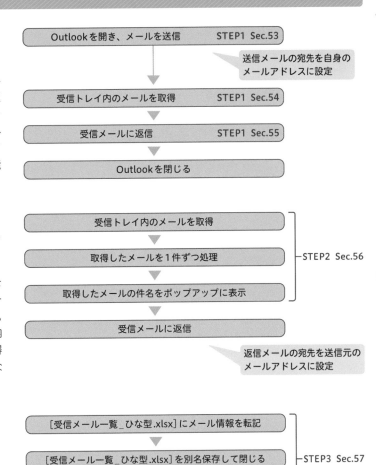

STEP1部分:
- Outlookを開き、メールを送信 STEP1 Sec.53
  - 送信メールの宛先を自身のメールアドレスに設定
- 受信トレイ内のメールを取得 STEP1 Sec.54
- 受信メールに返信 STEP1 Sec.55
- Outlookを閉じる

STEP2部分:
- 受信トレイ内のメールを取得
- 取得したメールを1件ずつ処理
- 取得したメールの件名をポップアップに表示
- （以上 STEP2 Sec.56）
- 受信メールに返信
  - 返信メールの宛先を送信元のメールアドレスに設定

STEP3部分:
- [受信メール一覧_ひな型.xlsx]にメール情報を転記
- [受信メール一覧_ひな型.xlsx]を別名保存して閉じる
- （以上 STEP3 Sec.57）
- Outlookを閉じる

💬 解説 Outlookのメール送信設定

PADが作成したメールを送信できるよう、Outlookの設定（確認）を行っておきます。設定方法は、Outlookの[ファイル]タブ→[オプション]をクリックします。表示される[Outlookのオプション]画面で[詳細設定]をクリックし、[送受信]の[接続したら直ちに送信する]にチェックが入っていない場合は、チェックを入れておきます。

53 Outlookでメールを送信しよう

ここで学ぶこと

・Outlook
・新規メール
・Outlookインスタンス

ここではメールソフトであるOutlookを利用して、新規のメールを自動で送信する設定を解説します。同時に複数の宛先へ送信することもできるので、いろいろな用途に活用できます。

① 新しいフローを作成する

💬 解説

フロー名の設定

ここでは、Outlookでメールの送信や受信を行うフローを作成します。そのため、わかりやすい名前として[メールの送信・受信メール確認]と設定します。

🔍 重要用語

Outlookインスタンス

Excelを起動する際にExcelインスタンスが設定されるのと同様に、Outlookを起動する際にもOutlookインスタンスが設定されます。Outlookを処理するアクションを設定する際は、Outlookインスタンスの設定が必要です。なお、Outlookが起動済みの状態で[Outlookを起動します]アクションを実行すると、新規起動は行わず、起動済みのOutlookを対象にインスタンスを設定します。これは[実行中のExcelに添付]アクションや、Webブラウザ起動アクションの[起動モード]で[実行中のインスタンスに接続する]を設定した場合と同じ動きです。

1 [フローコンソール]画面で[新しいフロー]をクリックします。

2 [フロー名]に「メールの送信・受信メール確認」と入力し、

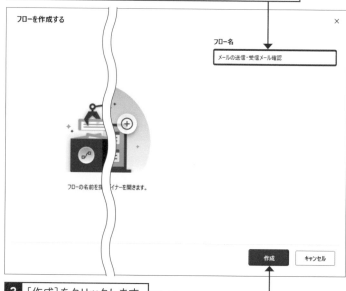

3 [作成]をクリックします。

② Outlookを開く設定を行う

💬 **解説**

Outlookアクショングループ

アクションペインの[Outlook]には、Outlookメールの内容を取得するアクションや、Outlookメールを送信するアクションなど、Outlookに関するアクションがグループ化されています。操作内容がアクション名になっており、Outlookを起動する設定には[Outlookを起動します]アクションを使用します。

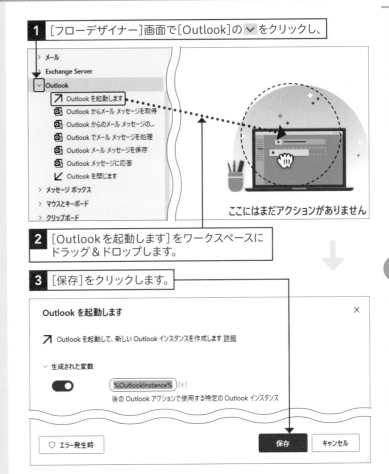

1 [フローデザイナー]画面で[Outlook]の ⌄ をクリックし、

ここにはまだアクションがありません

2 [Outlookを起動します]をワークスペースにドラッグ＆ドロップします。

3 [保存]をクリックします。

Outlook を起動します　　　　　　　　　　　　　　　　×

↗ Outlook を起動して、新しい Outlook インスタンスを作成します 詳細

⌄ 生成された変数

　　　⬤　　　%OutlookInstance% {x}
　　　　　　　後の Outlook アクションで使用する特定の Outlook インスタンス

♡ エラー発生時　　　　　　　　　　　　　　　　保存　　キャンセル

③ PADでOutlookを開く

💬 **解説**

Outlookインスタンスの確認

Outlookが開かれていることを確認するだけでなく、Outlookインスタンスを意味する変数[OutlookInstance]にインスタンスが設定されているか、変数ペインに存在する[OutlookInstance]をダブルクリックして確認してください。[プロパティ]に[.OutlookInstance]、[値]に[Outlookインスタンス]と表示されていれば問題ありません。

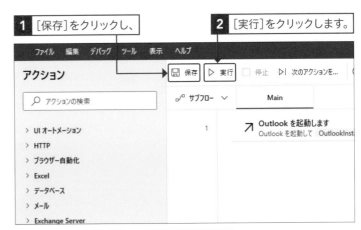

1 [保存]をクリックし、　　　　　**2** [実行]をクリックします。

ファイル　編集　デバッグ　ツール　表示　ヘルプ

アクション　　　　　　　　　　🖫 保存　▷ 実行　□ 停止　▷| 次のアクションを…

🔍 アクションの検索

ᵒ⁄° サブフロー ⌄　　　Main

> UI オートメーション
> HTTP
> ブラウザー自動化
> Excel
> データベース
> メール
> Exchange Server

1　　↗ **Outlook を起動します**
　　　Outlook を起動して　OutlookInst…

3 Outlookが開くことを確認し、閉じます。

④ 新規メールを作成する

解説

アカウントの設定

手順**2**の[アカウント]にはメールを送信するOutlookのアカウント情報を設定します。アカウント情報の確認方法は、Outlookの[ファイル]タブをクリックすると、アカウント情報が表示されます。また、変数を設定することも可能です。

補足

複数宛先の設定方法

通常のOutlookでのメール作成時と同様に、複数の宛先設定も可能です。複数の宛先設定を行う際は、メールアドレスをセミコロンまたはスペース区切りで入力します。また、宛先だけでなく、CCおよびBCCにも複数の設定が可能です。

補足

添付ファイルの設定方法

通常のOutlookでのメール作成時と同様に、添付ファイルの設定も可能です。ファイルの設定ウィンドウから添付するファイルを選択する方法と、[添付ファイル]に添付するファイルのフルパスを入力する方法があります。また、変数を設定することも可能です。

---

1 [Outlook]内の[Outlookからのメールメッセージの送信]をアクション1の下にドラッグ＆ドロップします。

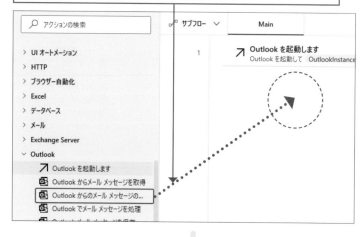

2 [アカウント]の右の枠にOutlookアカウントのメールアドレスを入力し、

3 [宛先]の右の枠に宛先のメールアドレス（ここでは自分のメールアドレス）を入力して、

4 [件名]の右の枠に「今かんPADデモメール」と入力します。

5 [本文]の右の枠に「これはテストメールです」と入力し、

6 [保存]をクリックします。

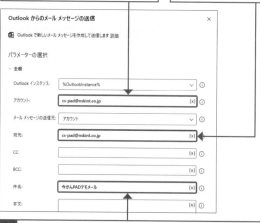

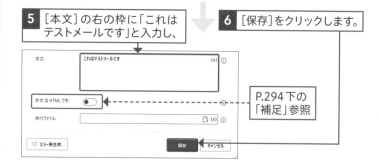

P.294下の「補足」参照

⑤ 自動でメールを送信する

💬 解説

メールの送信および受信確認

Outlookの送信済メールフォルダーから、件名が「今かんPADデモメール」のメールを確認します。確認の際、宛先が自身になっていることや、本文が「これはテストメールです」と記載されているなど、[Outlookからのメールメッセージの送信]アクションの設定と同じであることを確認してください。また、確認したメールが受信トレイに格納されていることも確認してください。

1 [保存]をクリックし、　**2** [実行]をクリックします。

3 メールが送信されていることを確認し、⊠をクリックしてOutlookを閉じます。

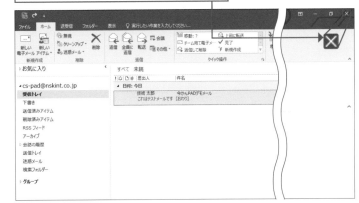

⑥ Outlookを閉じる設定を行う

💬 解説

フローコントロール

アクションペインの[フローコントロール]には、[End]アクションや実行中フローを終了する[フローを停止する]アクションなど、対象を問わない処理に関するアクションがグループ化されています。操作内容がアクション名になっており、ここでは指定時間待機するので、[Wait]アクションを使用します。

1 [フローコントロール]の ∨ をクリックし、

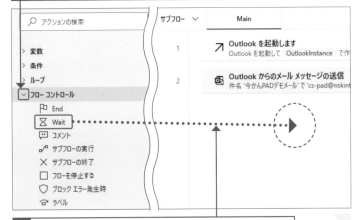

2 [Wait]をアクション2の下にドラッグ&ドロップします。

解説

待機時間の設定

メール送信の途中でOutlookが終了してしまうと、メール送信が正常に完了しないため、送信完了するよう待機する設定を行います。[期間]には待機時間を設定し、時間単位は秒なので、1分間待機する場合は[60]と設定します。ここでは30秒待機するため、[30]と設定します。設定の際は半角数値を入力してください。

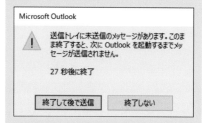

補足

Outlookインスタンスの設定

手順**6**の[Outlookインスタンス]には、閉じるOutlookのインスタンスを設定します。Outlookインスタンスは[Outlookを起動します]アクションで設定されており、フローにおいてOutlookインスタンスが1つのみ存在しているため、自動的に設定されています。

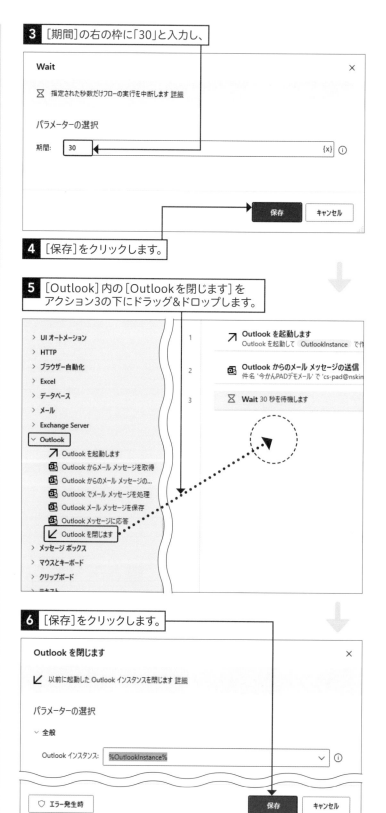

3 [期間]の右の枠に「30」と入力し、

4 [保存]をクリックします。

5 [Outlook]内の[Outlookを閉じます]をアクション3の下にドラッグ&ドロップします。

6 [保存]をクリックします。

53

⑦ 閉じられたOutlookを確認する

💬 解説

Outlookの起動および終了確認

フローを実行すると、[フローデザイナー]画面の裏側にOutlookが表示されてしまうことがあります。そのため、Outlookが起動したのか、閉じられたのか確認しづらいです。確認の方法として、タスクバーにOutlookをピン留めしている場合、起動していればアイコンの下に青線が表示されます。逆に、アイコンの下に青線が表示されていなければ、閉じられています。タスクバーにOutlookをピン留めしていない場合は、タスクバーにOutlookのアイコンが表示したあとに消えるので、Outlookが起動し、閉じられたことが確認できます。

Windows 10の場合

●起動している

●起動していない

Windows 11の場合

●起動している

●起動していない

1 [保存]をクリックし、

2 [実行]をクリックします。

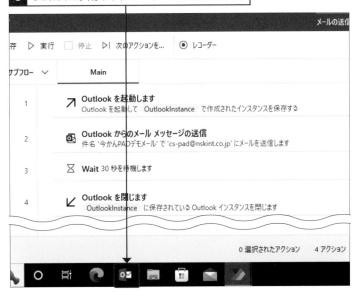

3 Outlookが閉じられていることを確認します。

4 Outlookを開き、メールが送信されていることを確認し、Outlookを閉じます。

ここで学ぶこと

・受信メール
・RetrievedEmails
・プロパティ

ここでは、Outlookで受信したメールの内容を取得する設定方法を解説します。とくに難しい設定ではないので、手順のとおり進めてください。メールの件名や本文、送信日時などが取得可能です。

1 受信メールの設定を行う

解説

アクションの設定位置

自身にメール送信後、受信したメールの内容を取得するため、[Wait] アクションの次に [Outlook からメールメッセージを取得] アクションをドラッグ＆ドロップします。

1 [Outlook] 内の [Outlook からメールメッセージを取得] をアクション3と4の間にドラッグ＆ドロップします。

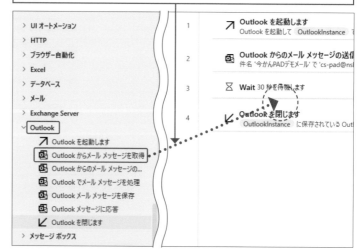

2 [アカウント] の右の枠にOutlookアカウントのメールアドレスを入力します。

[メールフォルダー] のフルパス

[メールフォルダー] には、受信トレイだけでなく特定のフォルダーをフルパスで指定することができます。Outlookで対象となるメールフォルダーを右クリックして[プロパティ]をクリックすると、[場所] に、アカウント情報のあとに1つ上までのフォルダーパスが記載されています。

例) [今かんPADデモ] フォルダーが受信するメールフォルダーの場合、1つ上までのフォルダーパスは [受信トレイ] です。そのため、[メールフォルダー] には [受信トレイ¥今かんPADデモ] と設定します。なお、Outlook関連のアクションでは「¥」が「\」と表記されることがありますが気にする必要はありません。

今かんPADデモ プロパティ				✕
全般	古いアイテムの整理	アクセス権	同期	

今かんPADデモ

種類: 　メールと投稿 アイテム

場所: 　¥¥cs-pad@nskint.co.jp¥受信トレイ

件名での絞り込み設定

[件名に次が含まれています]に設定した内容が、件名に含まれるメールを取得します。ここでは「今かんPADデモメール」が件名に含まれるメールを取得するため、[件名に次が含まれています]に「今かんPADデモメール」と入力します。

---

3 [メールフォルダー] の右の枠にメールが格納されるフォルダーのフルパス (ここでは「受信トレイ」) を入力します。

パラメーターの選択

∨ 全般

Outlook インスタンス:	%OutlookInstance%	∨ ⓘ
アカウント:	cs-pad@nskint.co.jp	{x} ⓘ
メール フォルダー:	受信トレイ	{x} ⓘ
取得:	すべてのメール メッセージ	∨ ⓘ
既読としてマークします:	⬤◯	ⓘ

4 [既読としてマークします] の右の ⬤◯ をクリックして ◯⬤ にします。

パラメーターの選択

∨ 全般

Outlook インスタンス:	%OutlookInstance%	∨ ⓘ
アカウント:	cs-pad@nskint.co.jp	{x} ⓘ
メール フォルダー:	受信トレイ	{x} ⓘ
取得:	すべてのメール メッセージ	∨ ⓘ
既読としてマークします:	◯⬤	ⓘ
送信者が次を含む:		{x} ⓘ

5 [件名に次が含まれています] の右の枠に「今かんPADデモメール」と入力します。

メール フォルダー:	受信トレイ	{x} ⓘ
取得:	すべてのメール メッセージ	∨ ⓘ
既読としてマークします:	◯⬤	ⓘ
送信者が次を含む:		{x} ⓘ
宛先が次を含む:		{x} ⓘ
件名に次が含まれています:	今かんPADデモメール	{x} ⓘ
本文に次が含まれています:		{x} ⓘ

6 [保存]をクリックします。

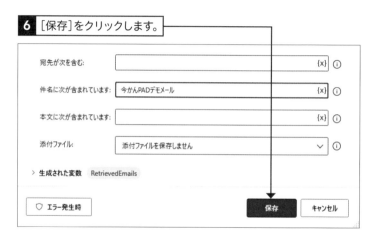

② 受信メールの内容を取得する

📝 補足

受信メールの確認

フロー実行後、メールの送信および受信ができているか確認します。まずは送信メールフォルダーで、正しくメール送信できているか確認します。その後、送信したメールが受信できているか確認します。メールが受信できていない場合は、変数での確認ができませんので、アクションに設定している値を確認してください。

1 [保存]をクリックし、

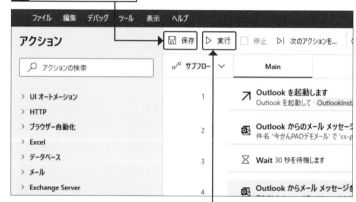

2 [実行]をクリックします。

3 Outlookを開き、メールが受信されていることを確認し、☒をクリックしてOutlookを閉じます。

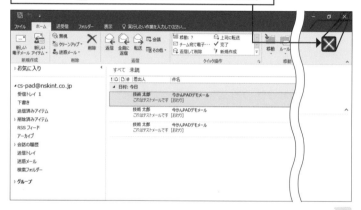

解説

詳細表示をクリックする理由

メールの取得結果を意味する変数 [RetrievedEmails] を表示すると、取得したメールの送信者情報が表示されます。変数 [RetrievedEmails] のように、プロパティが存在するリスト型の変数には、[詳細表示] の項目が表示されます。件名や本文など、変数 [RetrievedEmails] に含まれた全ての方法を表示するため、[詳細表示] をクリックします。

解説

プロパティについて

取得結果の詳細を表示すると、メールの各内容がプロパティとして表示されます。代表的なプロパティの値を下記に記載します。

[. Attachments]：メールの添付ファイル名です。
[.Body]：メールの本文です。
[.Date]：メールの送信日時です。
[.MailFolder]：メールを受信したフォルダー名です。
[.Subject]：メールの件名です。

今回受信したメールの内容とプロパティの値が一致しているか確認してください。

4 [RetrievedEmails]をダブルクリックします。

5 [詳細表示]をクリックします。

変数の値 ×

RetrievedEmails （リストOutlook メール メッセージ）

#	アイテム	
0	cs-pad@nskint.co.jp からの、件名が 今かんPADデモメール…	詳細表示

6 受信メールの内容が取得されていることを確認し（左下の「解説」参照）、

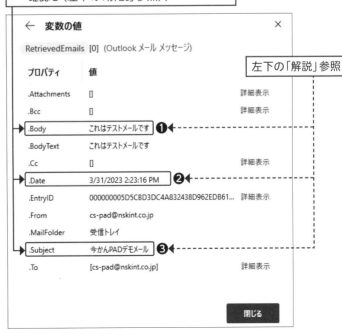

← 変数の値 ×

RetrievedEmails [0] (Outlook メール メッセージ)

左下の「解説」参照

プロパティ	値	
.Attachments	[]	詳細表示
.Bcc	[]	詳細表示
.Body	これはテストメールです ❶	
.BodyText	これはテストメールです	
.Cc	[]	詳細表示
.Date	3/31/2023 2:23:16 PM ❷	
.EntryID	000000005D5CBD3DC4A832438D962EDB61…	詳細表示
.From	cs-pad@nskint.co.jp	
.MailFolder	受信トレイ	
.Subject	今かんPADデモメール ❸	
.To	[cs-pad@nskint.co.jp]	詳細表示

閉じる

291

Section

55 | 受信したメールへ返信しよう

ここで学ぶこと

- ・返信
- ・RetrievedEmails
- ・Wait

ここでは、受信したメールに対して、Outlookから自動で返信する設定を解説します。返信するメールの内容を定型文としていますが、変数を使用することも可能です。またメール形式は、HTMLとテキストの2つの形式に対応しています。

① メールの返信設定を行う

解説

メールの返信を行うアクションの設定

ここからは受信したメールに対して返信を行うアクションを設定していきます。そのため、[Outlookメッセージに応答]アクションを[Outlookからメールメッセージを取得]アクションの次にドラッグ&ドロップします。

1 [Outlook]内の[Outlookメッセージに応答]をアクション4と5の間にドラッグ&ドロップします。

2 [アカウント]の右の枠にOutlookアカウントのメールアドレスを入力し、

解説

本文の設定

[本文]には、返信メールの本文を設定します。ここでは、テストメールへの返信を意味する本文に設定するため、[本文]に[テストメールへの返信です]と設定します。変数を設定することも可能です。

3 [本文]の右の枠に「テストメールへの返信です」と入力して、

4 [本文]の右にある{x}をクリックします。

解説

メールメッセージの設定

手順**8**の[メールメッセージ]には、返信対象となるメールを設定します。受信したメールを意味する変数[RetrievedEmails]を設定しますが、[メールメッセージ]には変数を表示する{x}が存在せず、変数を選択することができません。直接入力しても設定は可能ですが、スペルミスを防ぐため、別の項目の変数を利用しています。具体的には、手順**7**で切り取った内容を貼り付けます。

解説

要素番号の設定

受信したメールを意味する変数[RetrievedEmails]の型はリスト型なので、要素番号を設定します。1件のみ取得した場合でも処理が可能である要素番号0を設定するため、「%RetrievedEmails[0]%」と設定します。

5 [RetrievedEmails]をクリックし、

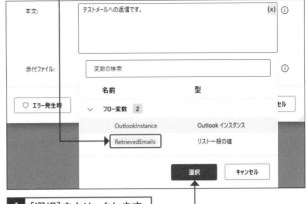

6 [選択]をクリックします。

7 [%RetrievedEmails%]を選択し、Ctrlを押しながらXを押して切り取ります。

8 [メールメッセージ]の右の枠に、Ctrlを押しながらVを押して貼り付けます。

9 続けて「%RetrievedEmails[0]%」と変更します。

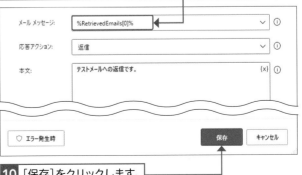

10 [保存]をクリックします。

補足

応答アクションについて

P.293の手順**9**の画面の［応答アクション］には［返信］［全員に返信］［転送］の3つがあります。［返信］を設定すると、送信者に対して返信する処理を行います。［全員に返信］を設定すると、送信者だけでなく、CCなどを含めた全員に対して返信する処理を行います。［転送］を設定すると、転送する処理を行います。

解説

［Wait］アクションの複製

フロー実行した際に送信したメールに対して返信を行うため、30秒待機を行う［Wait］アクションを［Outlookメッセージに応答］アクションの次に複製します。そのため、貼り付け位置の次のアクションである［Outlookを閉じます］アクションをクリックします。

11 アクション3の［Wait］をクリックし、[Ctrl]を押しながら[C]を押して、

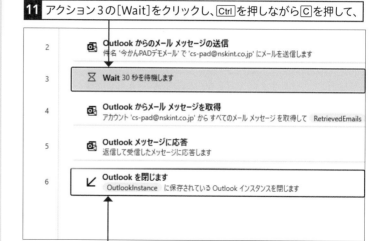

12 ［Outlookを閉じます］をクリックします。

13 [Ctrl]を押しながら[V]を押します。

補足 HTMLメールの送信設定

Outlookのメール形式は［HTML］［テキスト］［リッチテキスト］の3つがあり、PADでは、［HTML］［テキスト］の2つを設定することができます。［Outlookからのメールメッセージの送信］アクションの［本文はHTMLです］という設定項目で、 にするとHTMLメールになり、 にするとテキストメールになります（P.284の手順**5**参照）。HTMLメールに設定すると、［本文］でHTMLコードを使って文字に色を付けたり太字にしたりすることができます。

HTMLコードの記述は「<コード>本文</コード>」の形にします。たとえば、HTMLメールの本文を太字の赤字にしたい場合は、本文の前後に太字を設定するための「<b></b>」、赤字を設定するための「<font color="red"></font>」を記述します。具体的には、「<b><font color="red">これはテストメールです</font></b>」となります。

HTMLメールの設定

本文 は HTML です:　●

HTMLメールで本文を太字の赤字にする設定

\<b>\<font color="red">これはテストメールです\</font>\</b>

実際に送信されたメール

これはテストメールです

② PADでメールを返信する

🗨️解説

返信メールの確認

フロー実行した際に送信したメールに対して、返信処理が行われているか確認してください。返信メールと返信対象メールの時刻差が1分前後であれば、フロー実行した際に送信したメールに対して返信を行っていることが確認可能です。もし、フロー実行した際に送信したメールに対して、返信処理が行えていない場合は、メール送信後の待機時間を長くしてください。待機時間を長くすることで、フロー実行した際に送信したメールを受信するための待機時間が長くなり、返信処理を行えるようになります。

1 [保存]をクリックし、

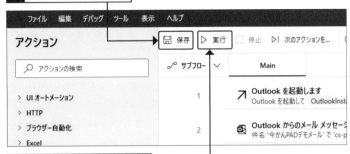

2 [実行]をクリックします。

3 Outlookを開き、正しいメールが返信されていることを確認（左の「解説」参照）して、

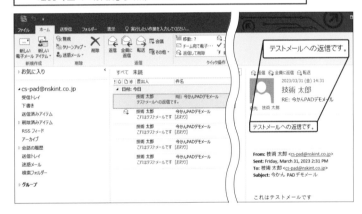

4 ⊠をクリックしてOutlookを閉じます。

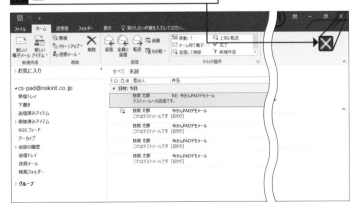

Section

56 | 取得したメール情報を Excelにまとめよう①

ここで学ぶこと

・ループ
・For each
・RetrievedEmails

Sec.55までで設定した内容をベースに、取得したメール情報を自動でExcelに書き込む方法を、Sec.56とSec.57の2つに分けて解説します。まず、ここでは取得したメールの件数分繰り返す設定とExcelの起動設定までを解説します。

① メールの件数分繰り返す設定を行う

💬 解説

[For each] アクションの設定

ここでは、[Outlookからメールメッセージを取得]アクションで、取得したメールの件数分繰り返す設定を行います。そのため、データ数分繰り返す[For each]アクションを、[Outlookからメールメッセージを取得]アクションの次にドラッグ＆ドロップします。

1 [ループ]の › をクリックし、

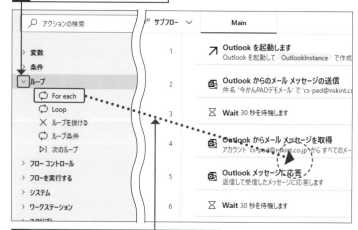

2 [For each]をアクション4と5の間にドラッグ＆ドロップします。

3 [反復処理を行う値]の右にある {x} をクリックします。

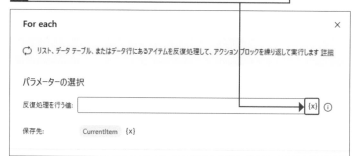

解説

反復処理を行う値の設定

[反復処理を行う値]には、繰り返し対象となるデータの変数を設定します。ここでは取得した受信メールの数だけ繰り返すので、受信メールを意味する変数[RetrievedEmails]を設定します。

RetrievedEmails (リストOutlook メール メッセージ)		
# アイテム		
0	cs-pad@nskint.co.jp からの、件名が 今かんPADデモメール...	詳細表示
1	cs-pad@nskint.co.jp からの、件名が 今かんPADデモメール...	詳細表示
2	cs-pad@nskint.co.jp からの、件名が 今かんPADデモメール...	詳細表示

4 [RetrievedEmails]をクリックし、

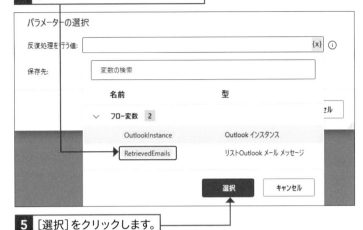

5 [選択]をクリックします。

6 [保存]をクリックします。

解説

[メッセージを表示]アクション を設定

取得したメールを繰り返し処理できているのか確認するため、繰り返し処理するメールの件名を表示する、メッセージボックスの設定を行います。そのため、[メッセージを表示]アクションを[For each]アクションと[End]アクションの間にドラッグ&ドロップします。

7 [メッセージボックス]の > をクリックし、

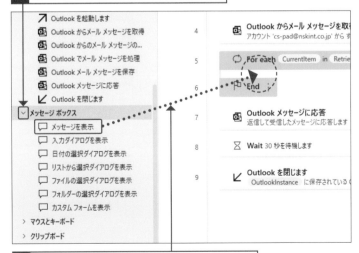

8 [メッセージを表示]をアクション5と6の間に ドラッグ&ドロップします。

💬 解説

プロパティの設定

変数名の左に>がある変数には、プロパティが存在しています。プロパティを設定することで、より詳細な設定を行うことが可能です。ここでは取得したメールの件名を設定するため、繰り返し処理メールを意味する変数[CurrentItem]のプロパティから、件名を意味するプロパティ[.Subject]を設定します。

💬 解説

メッセージボックスを
常に手前に表示する設定

[メッセージボックスを常に手前に表示する]を設定することで、メッセージボックスがほかのウィンドウに隠れてしまうことがなくなります。そのため、確実に表示されるようになり、確認が容易になります。もし、メッセージボックスがほかのウィンドウに隠れてしまった場合は、タスクバーを確認し、新たに表示されたPADのアイコンをクリックすると、メッセージボックスが表示されます。

Windows 10の場合

Windows 11の場合

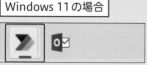

9 [表示するメッセージ]の右にある {x} をクリックし、

10 [CurrentItem]の > をクリックします。

11 [.Subject]をクリックし、

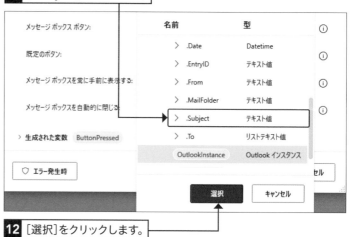

12 [選択]をクリックします。

13 [メッセージボックスを常に手前に表示する]の ⬤ をクリックして ⬤ にします。

14 [保存]をクリックします。

② 繰り返しの動きを確認する

💬 解説

メッセージボックスの確認

フローを実行すると、メッセージボックスが表示され、取得したメールの件名がメッセージボックスに記載されます。メッセージボックスに記載されている内容が右図のように「今かんPADデモメール」「RE:今かんPADデモメール」であることを確認し、[OK]をクリックしてメッセージボックスを閉じてください。メッセージボックスを閉じないと、フローは次に進めないので、注意してください。

1 [保存]をクリックし、　　**2** [実行]をクリックします。

3 メールの件名が記載されたポップアップが6回表示されることを確認し、

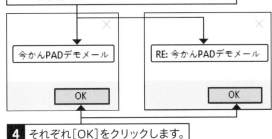

4 それぞれ[OK]をクリックします。

5 Outlookを開き、受信トレイに繰り返し回数+1のメールが格納されていることを確認し、閉じます。

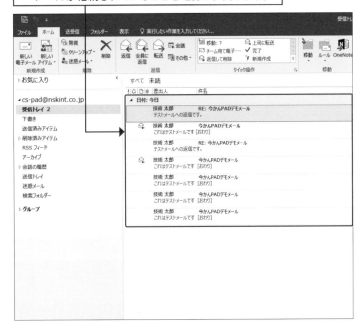

💬 解説

繰り返し回数の確認

フローを実行すると、取得したメールの数だけ繰り返し処理を行います。繰り返し処理の回数と受信トレイ内のメールの件数に差異があるのは、繰り返しの処理後にメールの返信を行っているためです。

③ Excelの起動設定を行う

[Excelの起動] アクションの設定

取得したメールの内容を[受信メール一覧_ひな型.xlsx]に記載するため、Excelを起動する設定を行います。そのため、[Excelの起動]アクションをメール返信後の[Wait]アクションの次にドラッグ&ドロップします。

1 [Excel]の〉をクリックします。

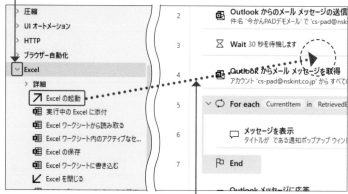

2 [Excelの起動]をアクション3と4の間にドラッグ&ドロップします。

3 [Excelの起動]の右にある∨をクリックし、

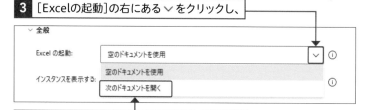

4 [次のドキュメントを開く]をクリックします。

5 ⬚をクリックします。

6 [デスクトップ]をクリックし、

7 [サンプルデータ]をダブルクリックします。

解説

ドキュメントパスの設定

[ドキュメントパス]には、起動する[受信メール一覧_ひな型.xlsx]のフルパスを設定します。

8 [第8章_メールの送信・受信メール確認]をダブルクリックします。

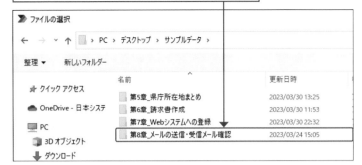

9 [受信メール一覧_ひな型.xlsx]を選択し、

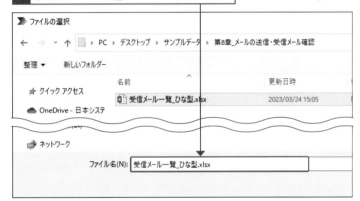

10 [開く]をクリックします。

11 [保存]をクリックします。

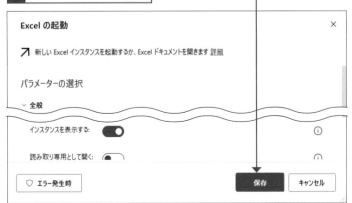

Section 57

取得したメール情報を Excelにまとめよう②

- row
- 変数を大きくする
- メールアクショングループ

書き込むExcelの起動設定までできたので、引き続き、実際に取得したメール内容をExcelに書き込む方法を解説します。基本的には変数の設定とExcelの入力列の設定といった決まった設定を繰り返していきます。

① 取得したメール内容をExcelに書き込む①

🗨 解説

[変数の設定] アクションの設定

ここでは、取得したメールの内容を [受信メール一覧_ひな型.xlsx] に記載する際の、行番号を意味する変数の設定を行います。そのため、[変数の設定] アクションを [Outlookからメールメッセージを取得] アクションの次にドラッグ＆ドロップします。

1 [変数]の > をクリックし、

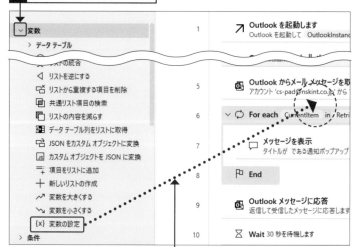

2 [変数の設定]をアクション5と6の間にドラッグ＆ドロップします。

3 [変数]の右の枠の[NewVar]をクリックします。

解説

初期値の設定

[受信メール一覧_ひな型.xlsx]の入力行を意味する変数[row]の初期値を設定します。1件目の内容は2行目に入力するため、[値]には2を設定します。

	A	B	
1	No.	件名	From
2			

 解説

[メッセージを表示]アクションの削除理由

繰り返し処理を行うメールの件名を表示する[メッセージを表示]アクションを削除します。Sec.56では[For each]アクションでの繰り返しを確認するため、[メッセージを表示]アクションを設定していました。しかし、繰り返しの確認は完了し、ここからは実際の処理である、メールの内容を入力するアクションを設定していきます。そのため、不要となる[メッセージを表示]アクションを削除します。

4 「row」と入力し、

5 [値]の右の枠に「2」と入力して、

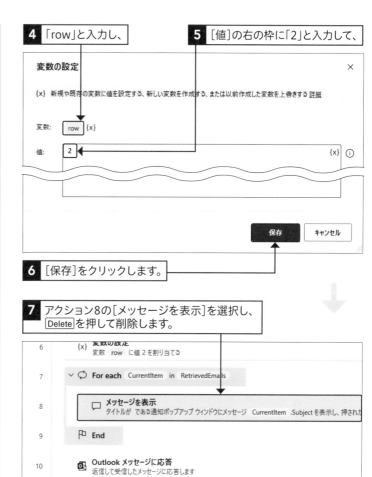

6 [保存]をクリックします。

7 アクション8の[メッセージを表示]を選択し、Deleteを押して削除します。

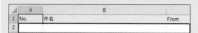

② 取得したメール内容をExcelに書き込む②

ここからは、Excelに書き込んでいくアクションの設定（入力列）を行っていきます。出来上がりイメージは以下のようになります。

	A	B	C	
1	No.	件名	From	本文
2	1	今かんPADデモメール	cs-pad@nskint.co.jp	これはテストメールです
3	2	RE: 今かんPADデモメール	cs-pad@nskint.co.jp	テストメールへの返信です。 From: 技術 太郎 Sent: Wednesday, April 26, 2023 5:18 PM To: 技術 太郎 Subject: 今かんPADデモメール これはテストメールです
4	3	今かんPADデモメール	cs-pad@nskint.co.jp	これはテストメールです
5	4	RE: 今かんPADデモメール	cs-pad@nskint.co.jp	テストメールへの返信です。 From: 技術 太郎 Sent: Wednesday, April 26, 2023 5:17 PM To: 技術 太郎 Subject: 今かんPADデモメール これはテストメールです
6	5	今かんPADデモメール	cs-pad@nskint.co.jp	これはテストメールです
7	6	今かんPADデモメール	cs-pad@nskint.co.jp	これはテストメールです
8	7	今かんPADデモメール	cs-pad@nskint.co.jp	これはテストメールです
9	8	今かんPADデモメール	cs-pad@nskint.co.jp	これはテストメールです

[受信メール一覧_ひな型.xlsx]のExcelは以下のようになります。セルの位置や列・行を確認しながら、表を参考に設定を行ってください。

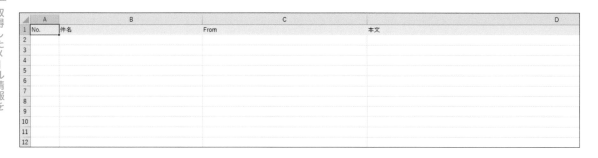

STEP／手順	STEP1	STEP2
項目	アクション	Excelワークシートに書き込む
❶No.	[Excel]内の[Excelワークシートに書き込む]をアクション7と8の間にドラッグ＆ドロップ	❶[書き込む値]の右にある{x}→[row]→[選択]をクリック ❷[書き込む値]の右の枠の「%row%」を「%row-1%」に変更 ❸[列]の右の枠に「A」と入力 ❹[行]の右にある{x}→[row]→[選択]をクリック ❺[保存]をクリック 設定は以上です。以下のような画面になります。 パラメーターの選択 ＞ 全般 Excel インスタンス： %ExcelInstance% 書き込む値： %row - 1% 書き込みモード： 指定したセル上 列： A 行： %row% ♡ エラー発生時　　　　　　保存　　キャンセル
	補足	補足
	[受信メール一覧_ひな型.xlsx]のA列に「No.」を入力する設定のため、[Excelワークシートに書き込む]アクションを、[For each]アクションの次にドラッグ＆ドロップします。	<補足1> 手順❷では、通し番号である「No.」を入力する設定を行っており、「No.」は1から始まります。行番号を意味する変数[row]は2から始まるので、変数[row]から1を減算することで、「No.」を求めることが可能です。そのため、[書き込む値]には「%row-1%」と設定します。 <補足2> 手順❸では、「No.」を入力する列はA列になるため、[列]には「A」と入力します。大文字小文字を問いません。 　　　　A　　　　　　B　　　　　　　　　　　　　C 1　No.　　件名　　　　　　　　　　　From 2 <補足3> 手順❹では、入力行の設定を行っています。「No.」を入力する行は2行目から1行ずつ順に、繰り返しのたびに変化します。そのため、[行]には入力行を意味する変数[row]を設定します。変数を設定する際は、[選択]をクリックするだけでなく、変数名をダブルクリックする方法や、「%変数名%」というルールのもと、「%row%」と直接入力する方法でも設定もできます。

STEP／手順	STEP1	STEP2
項目	アクション	Excelワークシートに書き込む
❷件名	[Excel]内の[Excelワークシートに書き込む]をアクション8と9の間にドラッグ＆ドロップ	❶[書き込む値]の右にある{x}→[CurrentItem]の＞→[.Subject]→[選択]をクリック ❷[列]の右の枠に「B」と入力 ❸[行]の右にある{x}→[row]→[選択]をクリック ❹[保存]をクリック 設定は以上です。以下のような画面になります。 
	補足	補足
	[受信メール一覧_ひな型.xlsx]のB列に件名を入力する設定のため、[Excelワークシートに書き込む]アクションを、「No.」を書き込む[Excelワークシートに書き込む]アクションの次にドラッグ＆ドロップします。	<補足1> 手順❶の[書き込む値]では、取得したメールの件名を入力する設定を行います。この場合は、繰り返し処理メールを意味する変数[CurrentItem]のプロパティを使用します。そしてこのプロパティから件名を意味する[.Subject]を設定します。 <補足2> 件名を入力する列はB列になるため、手順❷では、「B」と入力します。大文字小文字を問いません。 <補足3> 手順❸では、入力行の設定を行っています。件名を入力する行は2行目から1行ずつ順に、繰り返しのたびに変化します。そのため、[行]には入力行を意味する変数[row]を設定します。変数を設定する際は、[選択]をクリックするだけでなく、変数名をダブルクリックする方法や、「%変数名%」というルールのもと、「%row%」と直接入力する方法でも設定もできます。

STEP／手順	STEP1	STEP2
項目	アクション	Excelワークシートに書き込む
❸送信者	[Excel] 内の [Excelワークシートに書き込む] をアクション9と10の間にドラッグ＆ドロップ	❶ [書き込む値] の右にある {x} → [CurrentItem] の > → [.From] → [選択] をクリック ❷ [列] の右の枠に「C」と入力 ❸ [行] の右にある {x} → [row] → [選択] をクリック ❹ [保存] をクリック 設定は以上です。以下のような画面になります。 パラメーターの選択 ∨ 全般 Excel インスタンス: %ExcelInstance% 書き込む値: %CurrentItem['From']% {x} 書き込みモード: 指定したセル上 列: C {x} 行: %row% {x} ♡ エラー発生時　　　　　　　保存　　キャンセル
	補足	補足
	[受信メール一覧_ひな型.xlsx] のC列に送信者を入力する設定のため、[Excelワークシートに書き込む] アクションを、件名を書き込む [Excelワークシートに書き込む] アクションの次にドラッグ＆ドロップします。	＜補足1＞ 手順❶の [書き込む値] では、取得したメールの送信者を入力する設定を行います。この場合は、繰り返し処理メールを意味する変数 [CurrentItem] のプロパティを使用します。そしてこのプロパティから件名を意味する [.From] を設定します。 ＜補足2＞ 送信者を入力する列はC列になるため、手順❷では、「C」と入力します。大文字小文字を問いません。 　　　　　　　　　　　C From　　　　　　　　　　　　　　　　　本文 ＜補足3＞ 手順❸では、入力行の設定を行っています。送信者を入力する行は2行目から1行ずつ順に、繰り返しのたびに変化します。そのため、[行] には入力行を意味する変数 [row] を設定します。変数を設定する際は、[選択] をクリックするだけでなく、変数名をダブルクリックする方法や、「%変数名%」というルールのもと、「%row%」と直接入力する方法でも設定もできます。

STEP／手順	STEP1	STEP2
項目	アクション	Excelワークシートに書き込む
❹本文	[Excel] 内の [Excelワークシートに書き込む] をアクション10と11の間にドラッグ＆ドロップ	❶ [書き込む値] の右にある {x} → [CurrentItem] の＞→ [.BodyText] → [選択]をクリック ❷ [列] の右の枠に「D」と入力 ❸ [行] の右にある {x} → [row] → [選択] をクリック ❹ [保存] をクリック 設定は以上です。以下のような画面になります。 パラメーターの選択 ∨ 全般 Excel インスタンス: %ExcelInstance% 書き込む値: %CurrentItem.BodyText% {x} 書き込みモード: 指定したセル上 列: D {x} 行: %row% {x} ♡ エラー発生時　　　　　　　　　　　保存　　キャンセル
	補足	補足
	[受信メール一覧_ひな型.xlsx] のD列に本文を入力する設定のため、[Excelワークシートに書き込む]アクションを、送信者を書き込む[Excelワークシートに書き込む]アクションの次にドラッグ＆ドロップします。	<補足1> 手順❶の [書き込む値] では、取得したメールの本文を入力する設定を行います。この場合は、繰り返し処理メールを意味する変数 [CurrentItem] のプロパティを使用します。そしてこのプロパティから本文を意味する [.BodyText] を設定します。 <補足2> 本文を入力する列はD列になるため、手順❷では、「D」と入力します。大文字小文字を問いません。 |	D
---	---
本文		 <補足3> 手順❸では、入力行の設定を行っています。本文を入力する行は2行目から1行ずつ順に、繰り返しのたびに変化します。そのため、[行] には入力行を意味する変数 [row] を設定します。変数を設定する際は、[選択] をクリックするだけでなく、変数名をダブルクリックする方法や、「%変数名%」というルールのもと、「%row%」と直接入力する方法でも設定もできます。

③ 変数を大きくする

💬解説

変数を大きくする

ここでは、［受信メール一覧_ひな型.xls x］への入力行を意味する［row］を設定し、繰り返しのたびに1ずつ大きくします。そのため、［変数を大きくする］アクションを、本文を書き込む［Excelワークシートに書き込む］アクションの次にドラッグ＆ドロップします。

1 ［変数］内の［変数を大きくする］をアクション11と12の間にドラッグ＆ドロップします。

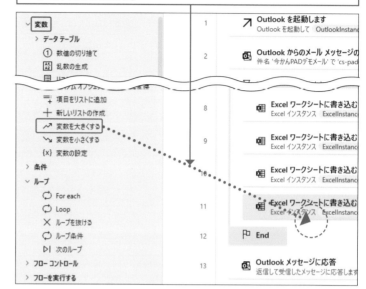

2 ［変数名］の右にある{x}をクリックし、

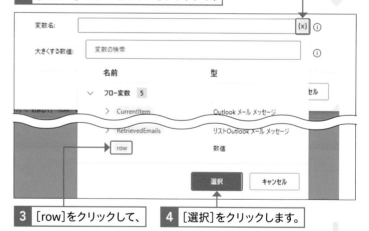

3 ［row］をクリックして、　**4** ［選択］をクリックします。

5 ［大きくする数値］の右の枠に「1」と入力し、

| 変数名: | %row% | {x} ⓘ |
| 大きくする数値: | 1 | {x} ⓘ |

保存　キャンセル

6 ［保存］をクリックします。

💬解説

大きくする数値の設定

［大きくする数値］には、繰り返しのたびに変化する行数を設定します。ここでは、1行ずつ変化するため「1」を入力します。

解説

実行結果の確認

フロー実行後、確認対象である［受信メール一覧_ひな型.xlsx］は開いています。しかし、もう1つの確認対象であるOutlookは閉じられているので、確認を行うため起動します。［受信メール一覧_ひな型.xlsx］内のデータが8件、Outlookの受信トレイでは件名に「今かんPADデモメール」を含むメールが9件存在することを確認します。件数に差異がある理由は、Excelへの転記後にアクション14でメールの返信を行っているためです。また、［受信メール一覧_ひな型.xlsx］は以降の手順で保存できるように設定するので、この時点では保存せずに終了します。

1 ［保存］をクリックし、　**2** ［実行］をクリックします。

3 開かれている受信メール一覧_ひな型にメール内容が出力されることを確認します。

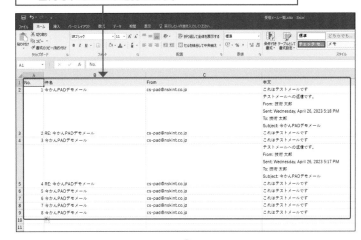

4 Outlookを開き、受信トレイの内容とExcelに記載している内容を確認します（「解説」参照）。

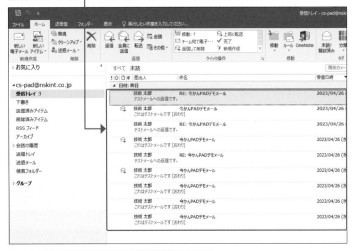

5 確認後、ExcelとOutlookを閉じます。

⑤ Excelを閉じる設定を行う

解説

[Excelを閉じる] アクションの設定

[受信メール一覧_ひな型.xlsx]を名前を付けて保存して閉じる設定を行います。処理の順番をわかりやすくするためと、Outlookの起動から終了までをフローの流れとして設定するため、[Excelを閉じる]アクションを、返信後に30秒待機する[Wait]アクションの次にドラッグ&ドロップします。

補足

想定されるエラー

手順**4**で[エラー発生時]をクリックすると、[詳細]の項目でアクションごとに想定されるエラーを確認することが可能です。[Excelを閉じる]アクションの場合、「Excelドキュメントを保存できませんでした」「Excelインスタンスを閉じることができませんでした」の2つのエラーが想定されます。エラー発生時の設定を行う際、想定されるエラーごとに設定することが可能です。

1 [Excel]内の[Excelを閉じる]をアクション15と16の間にドラッグ&ドロップします。

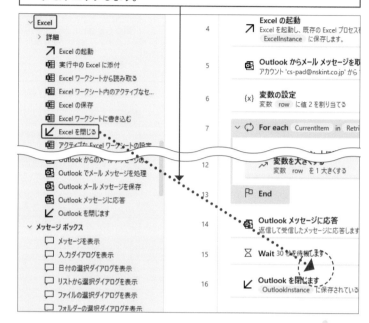

2 [Excelを閉じる前]の右にある ∨ をクリックし、

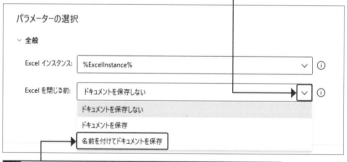

3 [名前を付けてドキュメントを保存]をクリックします。

4 [ドキュメント パス]の 🗋 をクリックします。

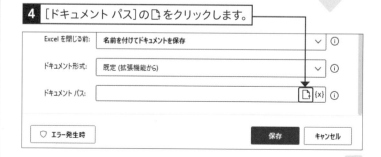

解説

ドキュメントパスの設定

[ドキュメントパス]には、[受信メール一覧_ひな型.xlsx]を保存する際のフルパスを設定します。

5 [デスクトップ]をクリックし、

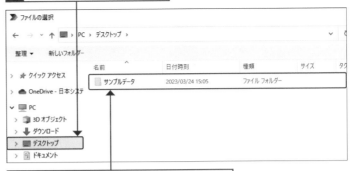

6 [サンプルデータ]をダブルクリックします。

7 [第8章_メールの送信・受信メール確認]を
ダブルクリックします。

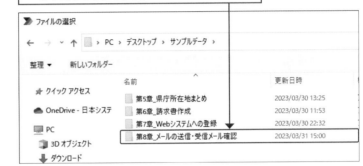

8 [ファイル名(N)]の右の枠に
「受信メール一覧」と入力し、

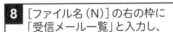
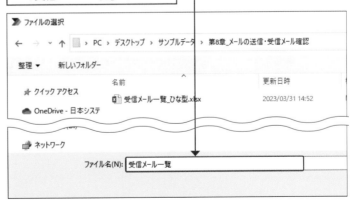

9 [開く]をクリックします。

補足

ドキュメント形式の設定

［ドキュメント形式］では保存するファイルの拡張子を設定します。［既定（拡張機能から）］を設定すると、起動しているファイルと同じ拡張子で保存します。また、ドロップダウンリストから選択すると、選択した拡張子で保存します。

10 ［保存］をクリックします。

⑥ 一連の流れを実行する

1 ［保存］をクリックし、

2 ［実行］をクリックします。

3 保存した受信メール一覧を開き、メール内容が出力されることを確認します。

解説

実行結果の確認

フロー実行後、確認対象である［受信メール一覧.xlsx］とOutlookは閉じられているので、確認を行うため両方を起動します。［受信メール一覧_ひな型.xlsx］内のデータが10件、Outlookの受信トレイでは件名に「今かんPADデモメール」を含むメールが11件存在することを確認します。件数に差異がある理由は、Excelへの転記後にアクション14でメールの返信を行っているためです。

4 Outlookを開き、受信トレイの内容とExcelに記載している内容を確認します（「解説」参照）。

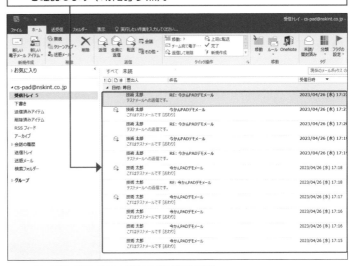

5 確認後、ExcelとOutlookを閉じます。

応用技 **Outlook以外でのメールの送受信**

メールに関するアクションは［Outlook］アクショングループだけでなく、［メール］アクショングループにも存在しています。このアクショングループを使うと、Outlook以外でのメール送受信の設定が可能となります。

［メールメッセージの取得］アクションでは、IMAPサーバーと取得したメールの設定を行うことで、メールを取得することができます。

［メールメッセージの処理］アクションでは、IMAPサーバーと処理するメールの設定を行うことで、メールを移動したり削除することができます。

［メールの送信］アクションでは、SMTPサーバーと送信するメールの設定を行うことで、メールを送信することができます。

メールアクショングループ

```
∨ メール
    ✉ メール メッセージの取得
    ✉ メール メッセージの処理
    ✉ メールの送信
```

IMAPサーバー設定

∨ IMAP サーバー		
IMAP サーバー:		{x} ⓘ
ポート:	993	{x} ⓘ
SSL を有効にする:	⬤━	ⓘ
ユーザー名:		{x} ⓘ
パスワード:	ⓘ ⓐ∨	ⓘ
信頼されていない証明書を受け入れます:	━◯	ⓘ

SMTPサーバー設定

∨ SMTP サーバー		
SMTP サーバー:		{x} ⓘ
サーバー ポート:	25	{x} ⓘ
SSL を有効にする:	━◯	ⓘ
SMTP サーバーには認証が必要:	━◯	ⓘ
信頼されていない証明書を受け入れます:	━◯	ⓘ

Appendix

主要なアクショングループ

▶ 変数

変数に関する設定や処理を行うためのアクショングループです。フロー内で使用する変数、リスト、データテーブルへの新規作成や値の削除、更新、変換といった幅広い処理を行うことができます。

▶ 条件

指定した条件に対する処理を設定するためのアクショングループです。PADで使用できる条件分岐は大きく分けてif文、swich文の2種類になります。それぞれの条件分岐についてはSec.20で詳しく解説しているので確認してください。

▶ ループ

プログラミング用語ではループと呼ばれる、繰返し処理を設定するためのアクショングループです。PADでは状況に応じて3種類の繰返し処理を使い分けながらフローを作成します。3種類の繰返し処理の特徴についてはSec.20で詳しく解説しているので確認してください。

▶ フローコントロール

フローを管理しやすくするための設定や処理を行うためのアクショングループです。ここでは[Wait]や[サブフローの実行]などの実行にかかわるアクションから、[コメント]や[リージョン]といった実行ではなくフロー管理・整理をメインとしたアクションまでさまざまな処理を行うことができます。

▶ フローを実行する

実行しているフローから別のフローを呼び出して実行するためのアクショングループです。「複数のロボットを続けて実行したい」「Aのフローが終わり次第、Bのフローを実行したい」などのケースに使用することができます。

▶ システム

Windowsの内部的な処理を行うためのアクショングループです。プロセスやアプリケーションに紐づく処理や、Windowsのシステム上やログインしているユーザーごとの環境変数を使用することができます。

▶ ワークステーション

Windowsの基本的な操作を行うためのアクショングループです。プリンターの設定やドキュメントの印刷、スクリーンショットやパソコンのロック・シャットダウンなど、どのWindows端末であっても標準化されている処理を行うことができます。

▶ ファイル

ファイルに関する処理を行うためのアクショングループです。ファイルの移動や複製、削除、名前の変更といった身近な処理を行うことができます。また、PADでテキストファイルやCSVファイルに対して読み書きを行う場合は、こちらのグループからアクションを設定します。

▶ フォルダー

フォルダーに関する処理を行うためのアクショングループです。フォルダーの作成から移動、コピー、削除などファイルと同様に身近な処理を行うことができます。また、指定したフォルダー内にあるファイルやフォルダーの取得なども行うことができます。

▶ 圧縮

ファイルやフォルダーの圧縮・解凍を行うためのアクショングループです。パスワード付きのZIPファイルへの圧縮や解凍が可能なだけでなく、解凍する際には指定したキーワードをもとに除外などを行うこともできます。

▶ UI オートメーション

Windows アプリケーションに対する処理や操作を行うためのアクショングループです。各種 Windows アプリケーションへの値の入力や取得、クリック操作などさまざまな操作を行うことができます。また、画面に表示されているテキストや画像などをもとに、待機や条件分岐などを行うこともできます。

▶ ブラウザー自動化

Web ブラウザに対する処理や操作を行うためのアクショングループです。可能な操作は UI オートメーションと類似しており、各種 Web ブラウザへの値の入力や取得、クリック操作などさまざまな操作を行うことができます。このグループのアクションを使用するためには、「ブラウザー拡張機能 (Internet Explorer を除く)」と「Web ブラウザーインスタンス」が必要になります。ブラウザー拡張機能は、P.20 や P.30 を参考にインストールしてください。Web ブラウザーインスタンスは、[新しい○○ を起動 (する)] アクションを使用することで取得可能です。

▶ Excel

Excel に関する設定や処理を行うためのアクショングループです。値の読み書きや行・列の挿入・削除などの基本的な操作だけでなく、Excel 内での検索や置換、マクロの実行など幅広い処理を行うことができます。このグループのアクションを使用するためには、「ブラウザーの自動化」と同様に「Excel インスタンス」が必要になります。Excel インスタンスは [Excel の起動] アクションまたは [実行中の Excel に添付] アクションを使用することで取得可能です。

▶ Outlook

Outlook の処理を行うためのアクショングループです。メールの送信や返信、転送、削除といったメールに対する処理から、メールの件名や本文などの情報を取得する処理などを行うことができます。このグループのアクションを使用するためには、「ブラウザーの自動化」と同様に「Outlook インスタンス」が必要になります。Outlook インスタンスは [Outlook を起動します] アクションを使用することで取得可能です。

▶ メッセージボックス

メッセージボックスの設定を行うためのアクショングループです。メッセージボックスといってもいろいろな種類があり、メッセージを表示するものやヒトが入力できるもの、ファイルを選択するものなど 7 種類のメッセージボックスを設定することができます。

▶ マウスとキーボード

マウスやキーボードの設定や操作を行うためのアクショングループです。マウス操作としては、マウスカーソルの移動や左クリック、ダブルクリックなどヒトが行っているマウス操作と類似した操作を行うことができます。またキーボード操作としては、個別キーからショートカットキーの入力だけでなく、NumLock の設定なども行うことができます。

▶ テキスト

テキスト情報に関する設定や処理を行うためのアクショングループです。変数やリストなどへ格納されている情報や任意で設定したテキスト情報に対して、トリミングや分割、結合などの処理を行うことができます。また、Datetime 型や数値型からテキスト値型への変換や、テキスト値型から Datetime 型や数値型への変換も行うことができます。

▶ 日時

日時に関する設定や処理を行うためのアクショングループです。アクション実行時点での日付や日時を取得するだけでなく、「週」「時」「秒」などを時間単位を指定した日時計算を行うことができます。

▶ PDF

PDF に対する処理を行うためのアクショングループです。PDF 内のテキストやテーブル、画像などを抽出できるだけでなく、指定したページの抽出や複数 PDF の結合などを行うことができます。

索引

か行

お問い合わせについて

本書に関するご質問については、本書に記載されている内容に関するもののみとさせていただきます。本書の内容と関係のないご質問につきましては、一切お答えできませんので、あらかじめご了承ください。また、電話でのご質問は受け付けておりませんので、必ずFAXか書面にて下記までお送りください。
なお、ご質問の際には、必ず以下の項目を明記していただきますようお願いいたします。

1　お名前
2　返信先の住所またはFAX番号
3　書名（今すぐ使えるかんたん Power Automate for desktop　完全ガイドブック）
4　本書の該当ページ
5　ご使用のOSとソフトウェアのバージョン
6　ご質問内容

なお、お送りいただいたご質問には、できる限り迅速にお答えできるよう努力いたしておりますが、場合によってはお答えするまでに時間がかかることがあります。また、回答の期日をご指定なさっても、ご希望にお応えできるとは限りません。あらかじめご了承くださいますよう、お願いいたします。

■お問い合わせの例

FAX

1　お名前
　技術　太郎

2　返信先の住所またはFAX番号
　03-XXXX-XXXX

3　書名
　今すぐ使えるかんたん
　Power Automate for
　desktop　完全ガイドブック

4　本書の該当ページ
　285ページ

5　ご使用のOSとソフトウェアのバージョン
　Windows 10 Pro
　Power Automate for
　desktop
　バージョン 2.30.109.23075

6　ご質問内容
　メールが送信されていない

※ご質問の際に記載いただきました個人情報は、回答後速やかに破棄させていただきます。

今すぐ使えるかんたん　Power Automate for desktop　完全ガイドブック

2023年6月20日　初版　第1刷発行
2024年6月16日　初版　第2刷発行

著　者●日本システム開発株式会社　岩崎将大、山口晃弘、原沢陵央
発行者●片岡 巌
発行所●株式会社 技術評論社
　　　　東京都新宿区市谷左内町21-13
　　　　電話　03-3513-6150　販売促進部
　　　　　　　03-3513-6160　書籍編集部
装丁●田邉 恵里香
本文デザイン●ライラック
編集／DTP●オンサイト
担当●田中 秀春
製本／印刷●大日本印刷株式会社

定価はカバーに表示してあります。

ISBN978-4-297-13545-4　C3055
Printed in Japan

問い合わせ先

〒162-0846
東京都新宿区市谷左内町21-13
株式会社技術評論社　書籍編集部
「今すぐ使えるかんたん Power Automate for desktop　完全ガイドブック」質問係
FAX番号 03-3513-6167

https://book.gihyo.jp/116